"十二五"职业教育国家规划教材
经全国职业教育教材审定委员会审定

产品形态语意设计

——让产品说话

陈炬　张崟　梁跃荣　编

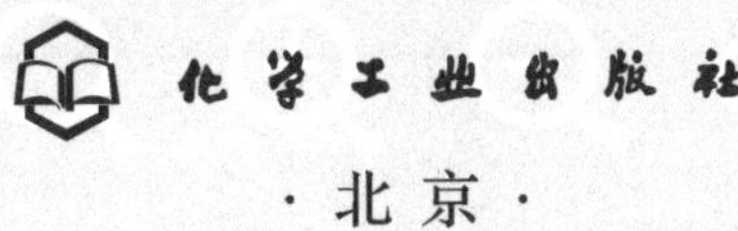

·北京·

产品语意学是20世纪80年代工业设计领域将研究语言的构想运用到产品设计上的一门学科，是以产品设计为基础，结合符号学、心理学、诠释学和传播学等理论知识发展而来的。学习产品语意学的目的是研究产品形态创新，“让产品会说话？。本书本着通俗易懂的原则，以“好设计让产品会说话”为主线，深入浅出地介绍了产品语意学的系统知识，包括产品语意学的背景知识、产品形态语意的分析与传达、产品形态语意设计的程序与原则等内容，希望能够帮助学习者尽快掌握产品形态创新的程序与方法。

本书适合高等职业教育产品造型等专业师生使用，也可作为机关行业从业人员的参考书。

图书在版编目（CIP）数据

产品形态语意设计——让产品说话 / 陈炬，张崟，梁跃荣编
北京：化学工业出版社，2014.7（2023.8 重印）
“十二五”职业教育国家规划教材
ISBN 978-7-122-20561-2

Ⅰ.①产… Ⅱ.①陈…②张…③梁… Ⅲ.①产品设计—高等职业教育—教材 Ⅳ.①TB472

中国版本图书馆 CIP 数据核字（2014）第 087057 号

责任编辑：李彦玲　　装帧设计：王晓宇
责任校对：王素芹

出版发行：化学工业出版社（北京市东城区青年湖南街 13 号　邮政编码 100011)
印　　装：北京虎彩文化传播有限公司
787mm×1092mm　1/16　印张 8 1/2　字数 200 千字　2023 年 8 月北京第 1 版第 5 次印刷

购书咨询：010-64518888　　售后服务：010-64518899
网　　址：http://www.cip.com.cn
凡购买本书，如有缺损质量问题，本社销售中心负责调换。

定　价：59.8 元

国家大力倡议的创新已经成为社会发展、企业转型升级的重要推手，工业设计则是“创新”的重要手段。过去的设计只是外形改良，而21世纪的今天设计已成为产品创新和企业经营的手段，设计的作用更加突显。设计不仅仅是外观设计，而更应该为用户带来愉悦体验与精神享受，设计将成为价值创新的利器。企业要想谋求长期的发展，就必须发掘新的价值、创造新的产品。这种时代已悄然开启，这将带给产品设计极大的机遇和发展的空间。但同时，产品的大量开发也导致了产品的同质化：产品功能相似、产品形态相似、产品结构相似、目标用户群相同等一系列问题。设计师同样面对这样的困惑：什么样的产品形态是独特的，与其他产品不一样，但又能符合目标用户的各种需求呢？产品语意学的出现，成为解决这一难题的一把钥匙。

广东轻工职业技术学院艺术设计学院产品造型设计专业是广东省首批重点建设专业，在长期的教学改革探索中，依托珠三角产业优势，致力培养学生的创新能力和职业岗位能力，构建了“岗位 + 职业发展”的课程体系，从而形成了“项目驱动”的高职教学模式。《产品形态语意设计——让产品说话》就是其中的专业核心课程，同时亦是国家高职教育艺术设计（工业设计）专业教学资源库和国家级精品课程《产品设计》中核心内容（http://wlkc.gdqy.edu.cn/jpkc/sperc/specialityView.do?specialityKey=10388710&menuNavKey=10388710；http://jp.gdqy.edu.cn/2009/cpsj/1_index.html）。

笔者以近几年积累的大量教学成果和实训项目为基础，对《产品形态语意设计》原稿进行了修订，以符合新时期下产品设计发展的新需求。针对之前版本中复杂、深奥的部分以深入浅出的方式重新编写，对新收录的产品设计作品尽可能予以多角度、系统化的充分展现，旨在从产品形态语意设计的角度，全面诠释语意传达的内容和方法，系统阐释产品形态与产品语意的关系，结合新加的教学成果和实际案例具体分析产品语意在产品设计中的应用原则和操作流程，归纳总结出产品形态语意设计的程序与方法。本书的目的在于激发学生从多维的角度、多样的方法去思考设计，帮助学生系统地掌握产品形态语意设计的知识，提升学生的设计创新能力。

本书是对我们这几年教学实践的肯定和鼓励，感谢化学工业出版社对工业设计教育的热忱和推动。本书在重编的过程中得到广东轻工职业技术学院老师和学生极大的帮助和支持。伏波、李楠、罗明君等老师为本书的编写提供了大量优秀的设计案例，特别是“152 创意工场”103 和 107 工作室同学承担的图片整理工作，在此表示真挚的感谢！本书资料部分是互联网收集的，部分是设计公司（工作室）的设计作品。由于时间仓促，未能一一与设计作品的作者取得联系，在此表示由衷的谢意！

由于笔者水平有限，不妥之处尚希广大读者宽宥指正。

编　者

2014 年 5 月

目录

引言

世界著名的工业设计大师、博朗公司终身设计总监迪特·拉姆斯（Dieter Rams）提出了好设计的十大评判标准，其中之一就是：“好设计让产品会说话。”他提到：“好的设计让产品结构更为清晰，甚至让产品会说话。最好的设计可以让产品要素一目了然，省却了冗长而乏味的介绍和说明书。”（图 1）

图 1 迪特·拉姆斯在博朗公司期间作品

A. 好设计让产品说出本身的使用方式

好的产品会告诉使用者：我是什么产品，我什么时候被你使用，我在什么地点被你使用，我是如何被使用的，我的性能怎样……好设计使产品和机器适应人的视觉理解和操作过程，注重以人为本，强调人机界面符合用户的生理和心理特性。在口语交流中，人们通过词语的含义来理解对方。在视觉交流中，人们是通过表情和眼神的视觉语意象征来理解对方。人们在操作使用机器产品时，是通过产品部件的形状、颜色、质感来理解机器。设计者应当把象征含义用在机器、工具产品设计中，使用户一看就明白它的功能、操作方式，无需产品说明书。（图 2）

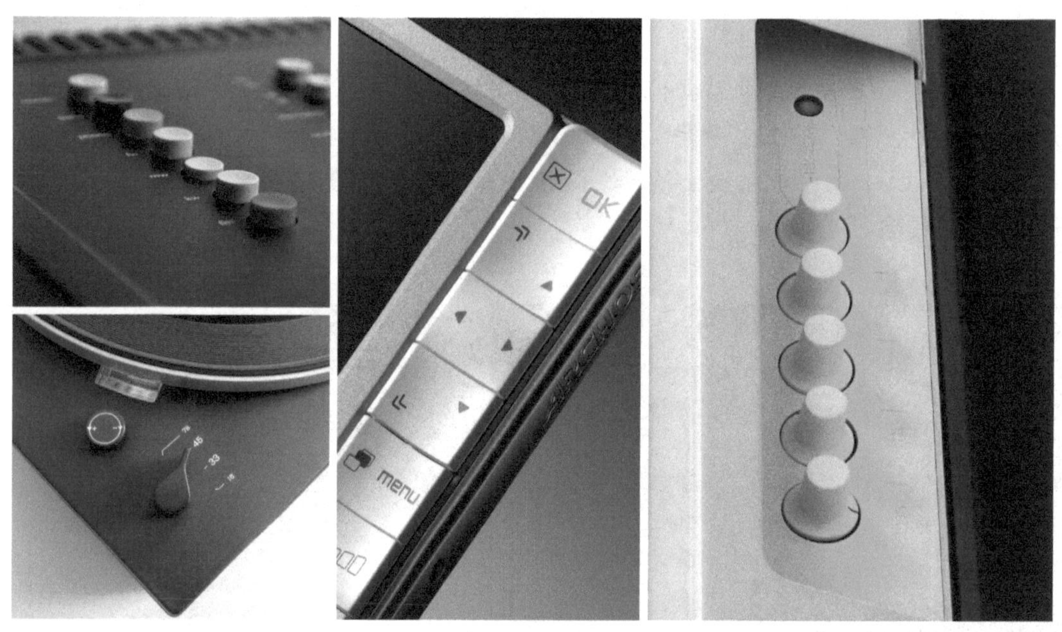

图 2 产品中的各种使用语意

B. 好设计让产品说出本身的意义

好的产品会对使用者述说：我具备什么样的风格，我有着怎样的个性，我有着怎样的情绪，我象征着什么……随着现代社会经济文化全球化的推进及信息化的发展，影响产品设计的地域性、文化性限制会越来越小。但弘扬民族文化是每一个设计师都必须承担的历史责任。设计应该是历史流传下来的文化统一体延续的一部分，必须把传统和现实联系起来，在继承的基础上发展现代的设计。优秀的工业设计除了扮演产品自身固有的机能角色，实现其物理机能之外，还承担着传达心理性、社会性、文化性价值的象征角色的任务。优良的产品作为文化与技术的结晶，不仅体现出设计对人的关怀，还要体现出产品的历史、文化、心理的脉络。（图 3）

图 3 JIA Inc 品牌蒸锅蒸笼组合

好设计通过什么方式让产品来说话呢？产品是如何来说话的？产品说的是什么？……这一系列的问题都需要用产品语意学的系统知识来进行解答。

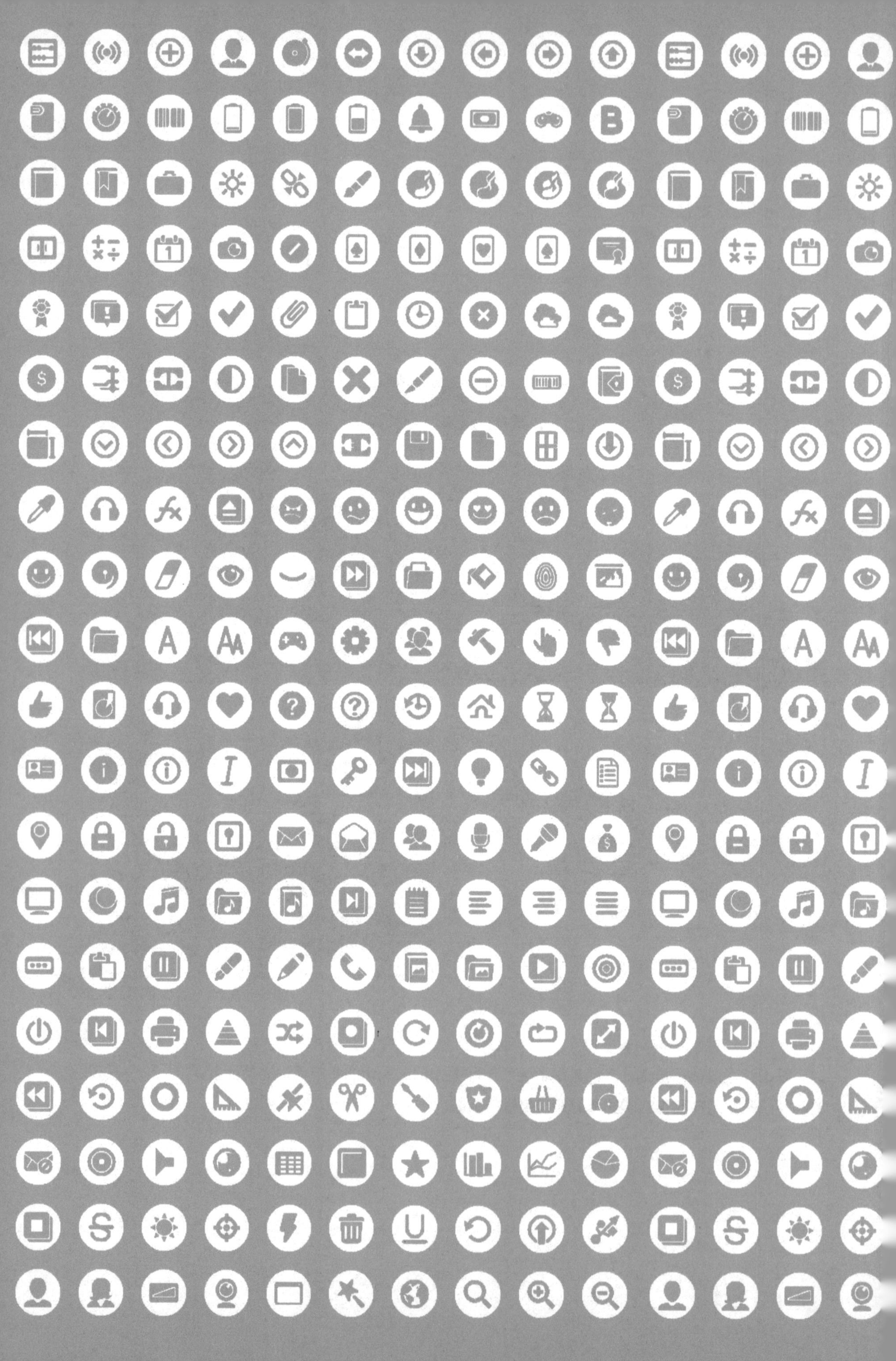

1 理论篇

知识目标

- 了解产品语意学的概念。
- 了解产品语意学产生的作用。
- 了解产品语意学产生的时代背景。
- 了解符号的演变及概念，掌握设计符号的基本功能与特性。
- 了解产品符号学的分类与产品符号的意义，理解产品与设计符号的关系。

能力目标

- 了解产品语意设计的目的，学会运用产品语意学的观点分析产品。
- 熟练掌握设计符号的基本功能与特性，灵活运用符号知识对产品符号功能进行分析。

1.1 让产品说话之前的准备

“好设计让产品会说话”，但这样的好设计不是一蹴而就的。作为设计师，我们不能盲目地、快速地投入到设计实践中去，而首先应该了解一些相关的理论知识，例如“让产品说话的好设计”最早是什么时间出现的，如何出现的，最终又是如何形成一个知识系统的。

1.1.1 产品语意学的概念

产品语意学（Product Semantics) 是 20 世纪 80 年代工业设计界兴起的一种设计思潮，通过各地学者和企业设计师的大力推动，在 80 年代中期成为遍及全世界的设计潮流，给当时沉闷的现代主义设计带来灵感，深刻地影响了当代产品设计发展。

语意（Semantic) 即语言的意义 , 产品语意学则是研究产品语言 (Product Language) 意义的学问，是研究人造物的形态在使用情境中的象征特性，以及如何应用在工业设计上的学问。它突破了传统设计理论将人的因素都归入人机工程学的简单作法，扩宽了人机工程学的范畴；突破了传统人机工程学仅对人物理及生理机能的考虑，将设计因素深入至人的心理、精神因素。随着社会发展与进步、物质的极大丰富、消费层次进一步细化，人们对产品的精神功能需求的不断提高，产品造型除表达其功能性目的以外，还要透过其语义特征来传达产品的文化内涵，体现特定社会的时代感和价值取向。正如法国著名符号学家皮埃尔 · 杰罗所说的，在很多情况下，人们并不是购买具体的物品，而是在寻求潮流、青春和成功的象征。（图 1–1 ）

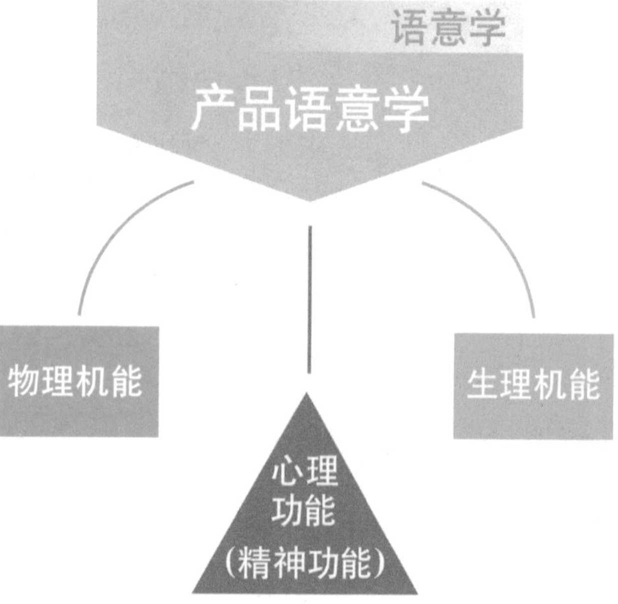

图 1–1 产品语意学的含义

1.1.2 产品语意学产生的时代背景

产品语意学产生的时代背景如图 1-2 所示。

图 1-2 语意学的时代背景

A. 科技背景

设计是以物质方式表现人类文明进步的最主要的方法。设计本身表达了科技的进步，传达着对科技的积极态度，而科技的发展对设计的变迁有重大推动作用。

20 世纪中期，科技取得长足发展。60 年代中期，航天技术与电子计算机技术的突飞猛进，新材料、新能源争相开发，预示着新技术革命的到来。70 年代到 80 年代初，新技术革命迅速发展。面对新出现的大量电子产品，形式美的设计概念已经失去意义，电子产品像一个“黑匣子”，人无法感知它的内部功能，设计师应当通过其外形设计，使电子产品“透明”。

产品应该使人能够看到它内部的功能和工作状态，这种设计要求无法用形式美表现出来。最后，形式美的设计思想很难处理各种复杂的信息。许多人开始探索新的设计理论，提出很多想法。但这些理论的潜在思想仍然是在“形式美”的大框架之下，最终人们明白了，形式美设计思想是无法解决电子产品的外形设计问题的，必须寻找新的设计理论基础。（图 1-3、图 1-4）

图 1-3 TP-LINK 带有移动电源功能的无线路由器

这款由 TP-LINK 出品带有移动电源的无线路由器是一个典型的“黑匣子”产品，如果仅仅从纯黑一体化的外形来看，用户根本无法感知这是什么产品？更谈不上如何正确使用。用户只有通过试验或者说明书，才能理解该产品的功能与使用方法。大多数的数码产品都面临这样的问题：产品的信息如何通过产品外观形态传达给使用者。

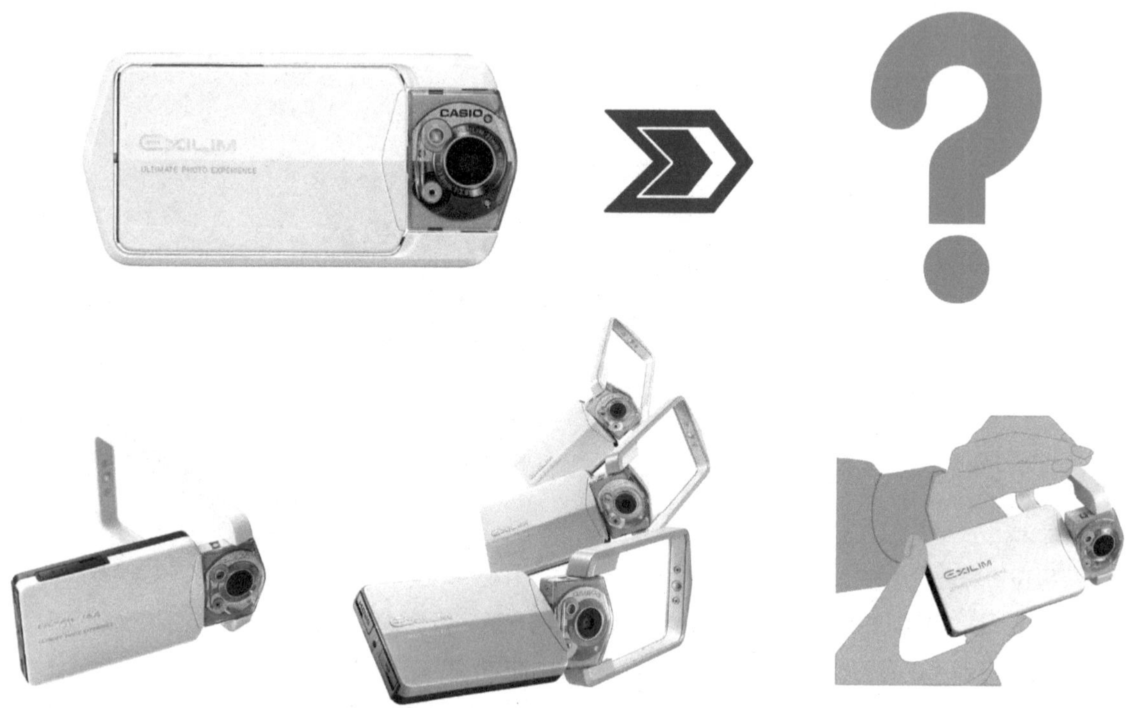

图 1-4 卡西欧 EX-TR350 数码相机

B. 经济背景

与其他艺术活动相比，工业设计受经济规律制约更大。产品的材料、形态与功能离开经济支持将变成一纸空文。

20 世纪 50 年代至 70 年代初为经济高速增长期。经济的高速发展，使产品从“数量”转向“质量”。西方设计界普遍对“外形跟随功能”的产品设计指导思想提出质疑，希望自己的物品能体现个人自我的个性。以功能主义为指导思想，设计的日用品基本都是理性的几何形式——直线、矩形，连圆弧都很少使用，颜色多为白色，这样的产品大街小巷都能看到，没有一点特色，同时冷冰冰的缺乏人情味。

科学技术及经济结构的变化，必然会反映到思想意识等上层设计领域，它深刻改变社会的传统观念、价值标准，也深刻影响着人们的审美意识，这种转变主要反映在两方面：其一，以信息为中心的价值观念体系，逐步取代了工业社会以物质为中心的价值观念体系，“信息消费型”审美观取代了“物质消费型”审美观；其二，促进了以多元化为中心的审美观的形成。信息价值观的兴起使设计亦有了新的设计思想。（图 1-5）

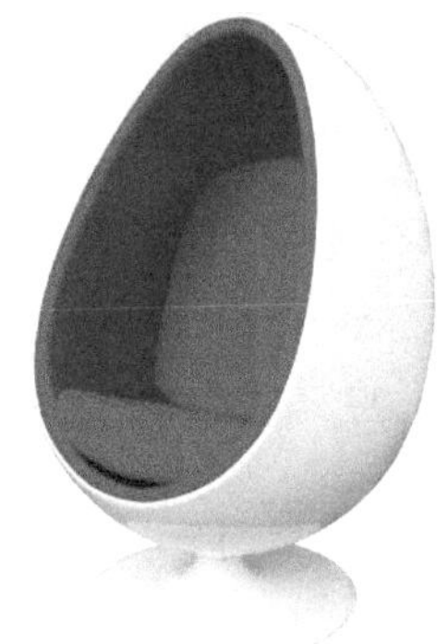
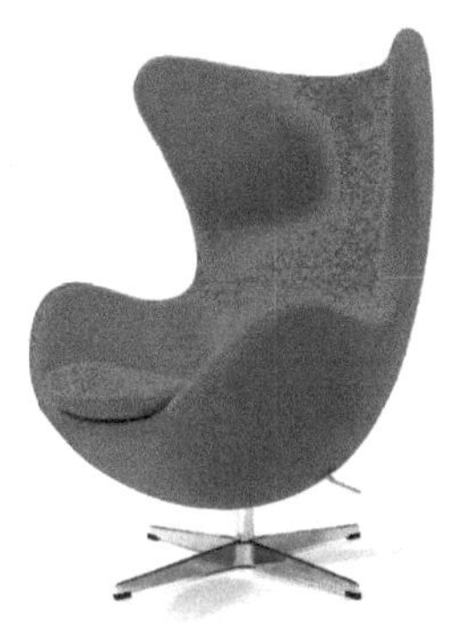

图 1-5 瓦西里椅与蛋形椅

从苹果 (Apple) 个人电脑产品的形态发展过程就可以看出：七八十年代是理性、严谨的几何造型，以直线、矩形为主；1998 年到后来的个人电脑以简约、流畅的曲线和自然、亲切的形态为主。从早期体现电脑的功能和性能，到现在追求情感和时尚，苹果公司在向用户传递着一种人性的关怀，在舒适地使用该产品的同时，感到亲切，“以人为本”的设计理念得到了完美的诠释。现在苹果公司的产品外形不仅仅传递着功能的信息，随之而来的还有时尚与情感，体现着越来越浓厚的人情味。能够看到产品从为“功能”设计转变到以“人”为中心的设计。（图 1-6）

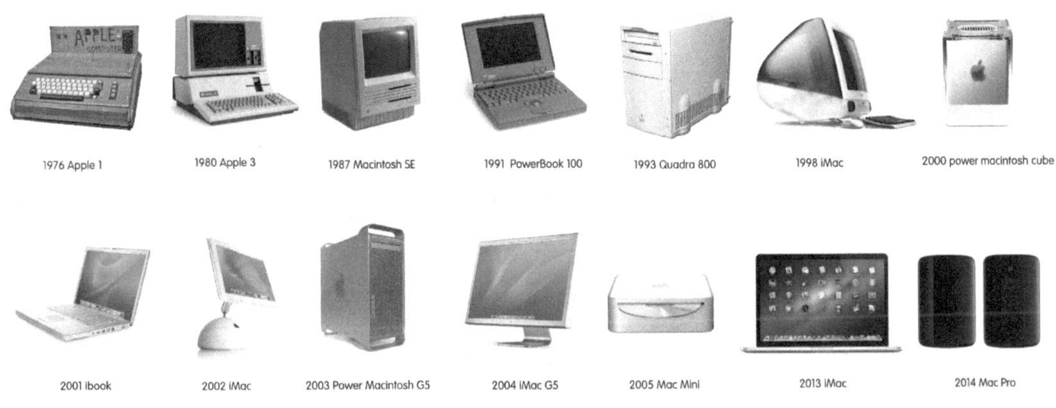

图 1-6 苹果个人电脑发展历程

C. 文化背景

20 世纪六七十年代，社会日益丰裕，人们的消费结构发生了根本变化，即由“温饱型”向“文化型”转变，人们的消费文化有了新倾向。产品不仅是消费品，同时对人的生活行为和生活程序又起到一定规范作用，并且反映着人的生活观和价值观，所以产品本身包含着许多机能以外的信息。人们更加重视交流与沟通，出现了物质型消费向信息型消费的转变，产品形态中信息传达的比重越来越高。很多新的学科应用到产品设计当中，如生态学、社会学、心理学、传播学等。同样，以认知和交际为主要功能的符号学，也被产品设计吸收引入。在这种时代背景下，产生了产品符号学。它来自于语言理论符号学。

文化价位重新升值，新的设计文化论渐趋于把文化看作设计的灵魂。设计师设计的不仅是一件产品，还是一种新生活方式，一种新文化，并把产品看作新文化的符号、象征和载体。“欲得其中，必求其上；欲得其上，必求上上”，这是洛可可设计集团旗下家居设计品牌——上上禅品得名的出处。上上禅品的设计将“禅”文化中自然、空灵的意境生动地呈现，颇具意味。（图 1-7）

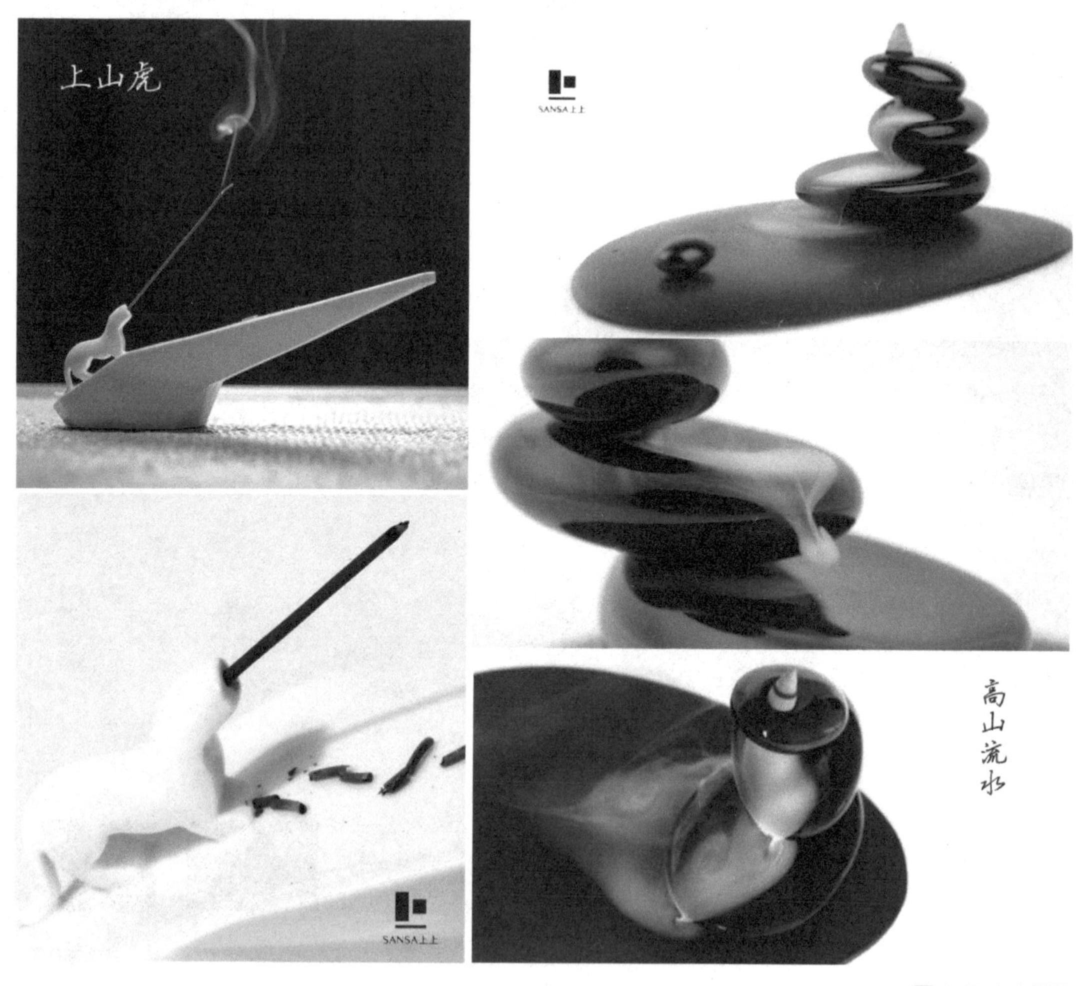

图 1-7 上上禅品

科技、经济和文化的发展，给设计领域提供了各种新的艺术表现手段，从而使设计观念产生巨大变革。设计师更注重人的情感补偿，注重设计的地方性和文化约束，重视生态环境，在审美观念上表现得更为多元和开放，呈现出动态与模糊的特点，在设计手法上也更新颖。现代科技、经济和文化的发展，是设计美学观念变化的直接动力，产品语意学正是这种变化下的产物。

法国设计师菲利浦·斯塔克众多的设计作品中，为意大利家用品牌阿莱西设计的榨汁机 (Juicy Salif) 是一款充满着争议的作品，虽然在 1991 年推出之后，这款产品一度成为时尚的象征，被摆放在风尚人群的居室中，但是有些务实派嫌这个伸出三只长脚、又像外星人又像蜘蛛的器皿，很难挤出柠檬汁，还不如去买价格只有一半的电动榨汁机。斯塔克却说，市面上是有一百种更好用的机器，但是他的 Juicy Salif 除了可以榨汁外，还能放在那儿等着让人用来打开话题。我们不得不承认，这款功能不是很强大的榨汁机为我们带来了一种新的生活方式、一种新的文化，这时候产品的意义已经远远地超过了它的功能本身。（图 1–8）

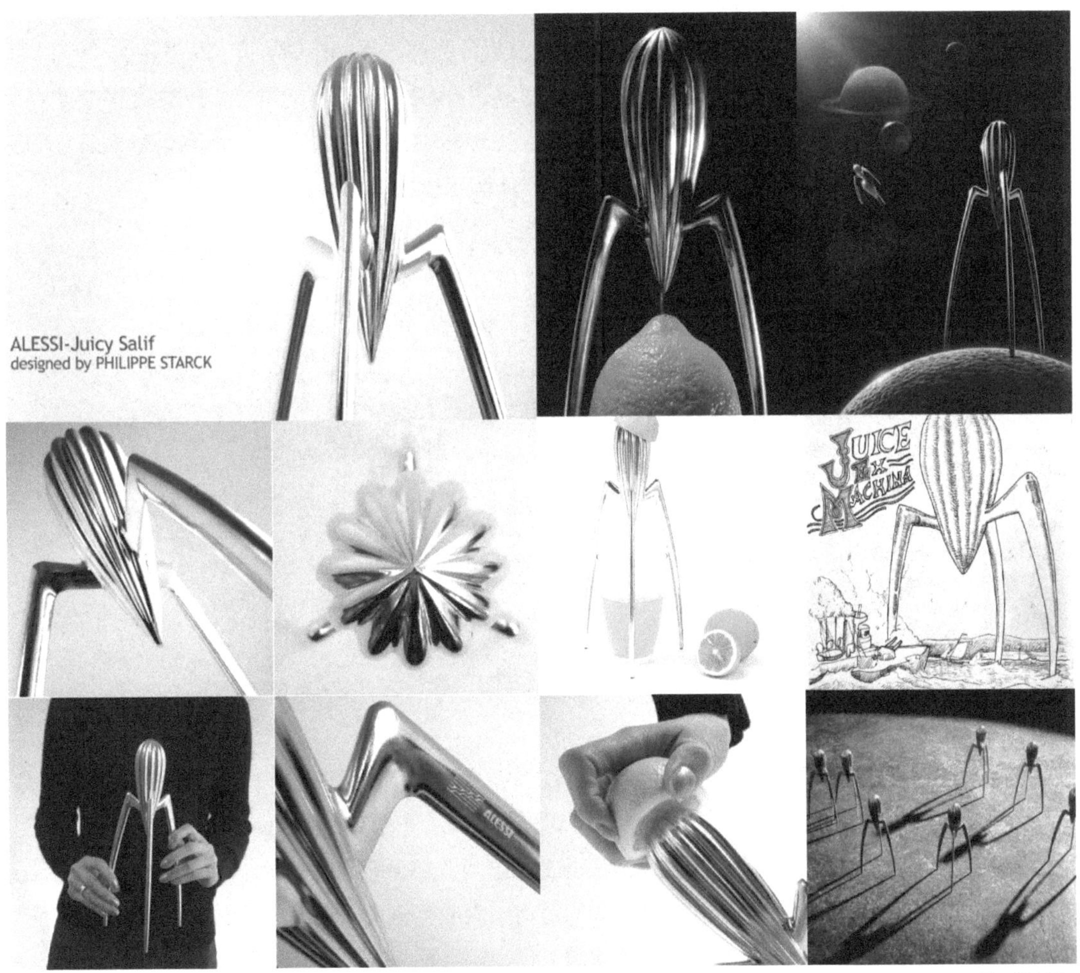

图 1–8 阿莱西榨汁机

1.1.3 产品语意学的发展

产品语意学的理论系统深受世界哲学体系的影响，在 1950 年德国乌尔姆造型大学的“符号运用研究”中初具其形，更远可追溯至芝加哥新包豪斯学校的查尔斯（Charles) 与莫理斯 (Morris) 的记号论。

自 1976 年开始，设计师格鲁斯 (Jochen Gros) 有关产品语言的理论开始接近了产品语意学的概念。他认为产品语言（产品的意义）与文化情境（技术、经济、生态、社会问题、生活方式）有关，语意是在设计和情境的基础上建立而来的。

这一概念于 1983 年由美国的克里彭多夫 (Klaus Krippendorf) 和德国的布特教授（Reinhardt

Butter) 明确提出，他们选用“语意”这个词汇来强调设计意义的传达过程。他们认为产品的概念如同一段文字，是有意义的，从而批判了现代主义关于空白设计的理论。克里彭多夫强调的是社会意义，布特教授则更重视实际，主张一步一步来修改设计。

自 1984 年始，设计师与心理学家、信息传播学家进一步扩展了产品语意的概念。这一年的 IDMA 刊物“Innovation”即以产品语意为主题制作专辑。各专家学者除了对产品语意学做出不同的诠释外，都不约而同反省到现代主义。现代主义设计强调产品的机能导向，以产品为中心的思考模式取代了以人为中心的思考模式。在功能论的影响下，人为了适应新的科技，被动接受新的训练，直到能够适应，从而导致物（技术性）凌驾于人情感之上的局面。因此，如果把产品语意学视为“后现代主义”中关于“现代主义”反动下的思潮，是有其历史意义的。（图 1-9）

图 1-9 产品语意学对现代主义的反思

同年，在美国克兰布鲁克艺术学院（Cranbrook Academy of Art)，由美国工业设计师协会 (IDSA) 所举办的“产品语意学研讨会”给出了这样的定义：产品语意学是研究人造物的形态在使用情境中的象征特性，以及如何应用在工业设计上的学问。它突破了传统设计理论将人的因素都归入人机工程学的简单作法，扩宽了人机工程学的范畴，突破了传统人机工程学仅对人物理及生理机能的考虑，将设计因素深入至人的心理、精神因素。

1.1.4 产品语意学的作用

产品符号学将符号学理论引入到产品设计当中来，提出“以人为本”的设计思想，以符号学的规律和方法来指导产品设计。产品设计与符号学关系密切，工业产品的符号特征也是十分强烈而深刻的。我们都知道符号是传递信息的媒介，而产品的符号就是由形态、构造、色彩、材料等要素构成。

20 世纪八九十年代，索尼、飞利浦、苹果、青蛙设计、IDEO 等各大设计公司和企业已意识到随着科学技术的发展、高技术的急骤汇集意，味着顾客可以通过任何一个销售商获得产品性能及价格基本一致的商品。鉴于此，顾客的主观因素，或称为审美鉴赏力将主要决定购买商品的决心。为摆脱电器产品普遍的“黑匣子”面貌，同时亦为适应多元化消费口味，飞利浦公司广泛应用产品语意学理论，以“富于表现力的形式的设计战略”设计产品而获得巨大成功。（图 1-10）

产品的符号如同人类的语言一样，没有语言人们则无法交流、表达思想，同样没有符号，产品

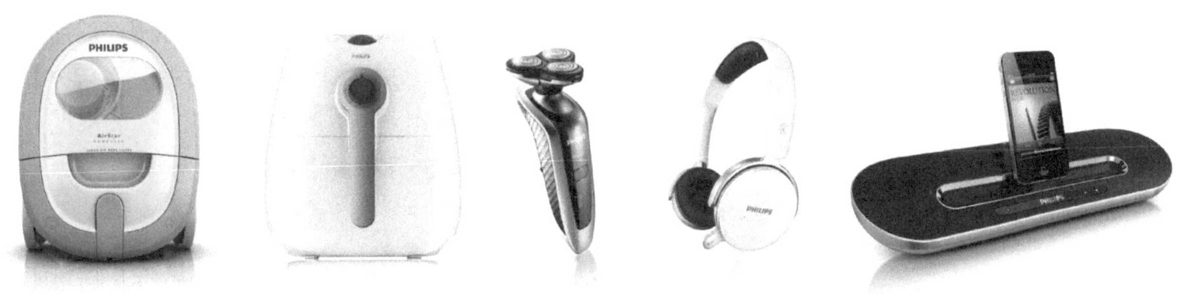

图 1-10 飞利浦系列产品设计

也就难以将象征与喻义指示进行双向的反馈与传递。通过这个记号系统，可以将产品的性能、使用、审美等传递给使用者；通过这个符号系统，设计师可以传达出设计意图和设计思想，赋予产品以新的生命；通过这个符号系统，使用者可以了解产品的属性和它的使用操作方法，它是设计师与使用者之间沟通的媒介。（图 1-11）

图 1-11 Frog Design 为 VillaWare 振兴欧洲市场所做的系列产品设计

1.2 产品世界的文字

产品是市场上任何可以让人注意、获取、使用或能够满足某种消费需求和欲望的东西，一般指物质生产领域的劳动者所创造的物质资料，广义指具有使用价值、能够满足人们的物质需要或精神需要的劳动成果，包括物质资料、服务与精神产品。因此，产品世界与人类世界密不可分，产品世界也是丰富多彩的。每个产品身上都有故事，每个产品都在营造一种情境，诉说一个故事，故事中的产品在向人们传递着幽默、安全、快乐、温馨、惊奇……故事中的文字就是符号。

1.2.1 设计与符号学

1.2.1.1 符号的概念

人们在交际过程中，通过某种有意义的媒介物，传达一种信息，这个有意义的媒介物就是符号。因此可以说：符号是一种沉淀，一种文化的积累。它离不开人的社会关系和人与人的交往；它有一定的群体性和区域性，同时它也是一种储备，一种共享。

符号是一个抽象的概念，一种具有表意功能的表达手段。它是通过视觉刺激而产生的视觉经验和视觉联想来传达其包含的实际意义，例如字母、绘画、特定的材质、特定的造型等，一切能传递约定的内容的都可称为符号。（图 1-12）

图 1-12 符号及其形成的符号系统

图 1-13 符号与人—产品—社会的关系

符号学是研究人类一切文化现象中的符号理论，而不是研究日常生活中暂且代用的东西，它是人类进行交流的一种理论方法。符号学即为对记号的解释或研究记号体系的功能。因此，设计符号学是人类研究一切文化现象的符号理论的一部分，是人—产品—社会之间进行交流的理论依据。（图 1-13）

1.2.1.2 符号的演变

长久以来，人类在长期的生产实践中，因为生存的需要总在不断地寻求各种观念、情感和信息的交流和表达形式。由于受到环境影响及相互交流的作用，人们创造了一系列传播信息的工具，例如在相互接触中使用的语言、动作、表情等，并且对不同的形态、色彩、材质有了一种先入为主的认识，久而久之这些认识便有了广泛的意义，结成特定的符号。

“符号”的演变历史几乎与人类的历史一样久远。文字是人类创造的符号中最具有意义、最具有代表性的，是人类相互沟通最重要的一种符号。人类文字起源有共同的规律，即文字脱胎于图画。人类因为要记事，要表达，要交际，在没有文字的时候，曾经想过种种方法，这些方法不外两类：一类是实物，一类是图画。后来人类就创造最具意义的符号——文字，人和人之间的交流就更方便了。

A. 实物记事

实物记事的方法有结绳、结珠、刻木等。结绳，是用一根极粗的横绳（主绳）或木棍，上面挂上长短不齐，颜色各异的细绳。不同的长度、不同的颜色代表不同的意思。原始人类经常用垒石块和在树枝上画线等方式来记录物品的数目，后来发展为“结绳记事”，这都是符号演变的雏形。人类在文字萌芽之前，普遍经历了用实物来标记和传递信息的阶段。

结绳记事是文字产生之前帮助记忆的方法之一。古人为了要记住一件事，就在绳子上打一个结，以后看到这个结，就会想起那件事。如果要记住两件事，就打两个结，记三件事，就打三个结，如此等等。正是这种约定俗成的历史传承使得符号带有文化的和历史的烙印。（图 1-14）

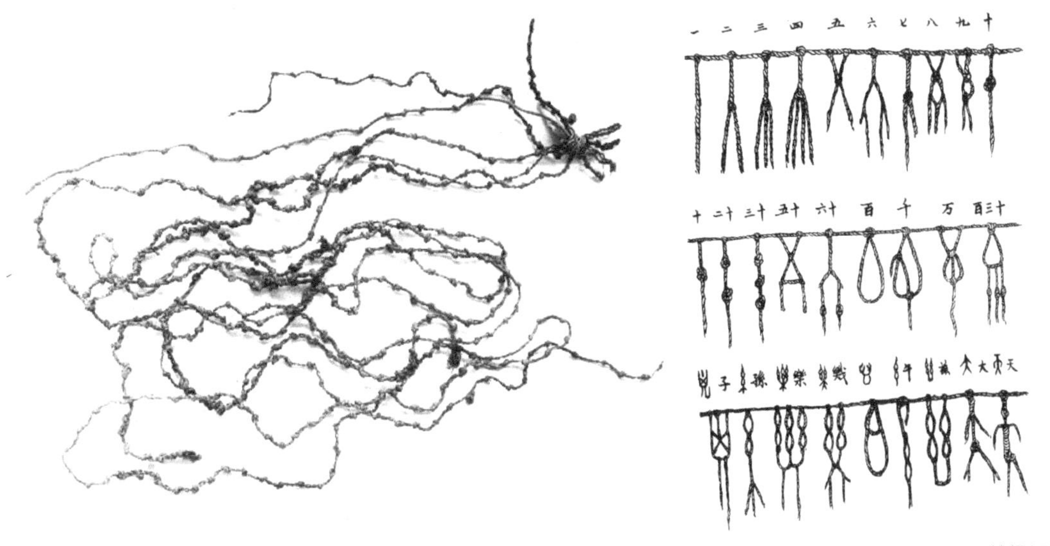

图 1-14 结绳记事

B. 图画记事

记事的图画虽然也画着人、鸟、太阳等，但不是美术作品，而是记事的辅助工具。原始人就在岩壁上用图画方式记载信息，来传达他们对天地或事物的看法。（图 1-15）

图 1-15 贺兰山岩画

岩画是古代先民们在漫长的岁月里运用写实或抽象的艺术手法，在岩石上绘制和凿刻的图画，它记录了古代人类社会生活的各个方面。

C. 文字记事

文字的最早基础是象形。象形文字是从图画记事演变而来的。记事的图画经过简化、整理、充实，逐步有了语音，并能代表具体的语言成分，于是人们就创造了文字。文字也就是这样产生的。特别是中国的象形文字，从抽象的岩画、刻符演变到现在的汉文字。刻符简化了线条程度，却为汉字的构造方式提供了更富活力的生命元素。（图 1-16、图 1-17）

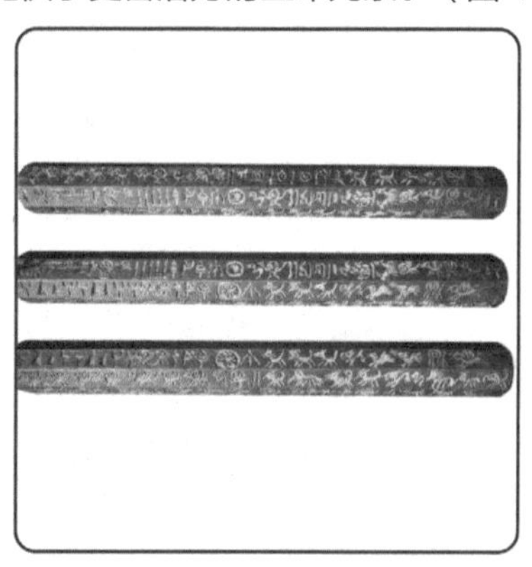

图 1-16 刻符

刻符（一）：丁公新石器时代遗址（距今约 4000 多年）中发现的陶器刻符。

刻符（二）：殷商刻在龟甲、兽骨、人骨上记载占卜、祭祀等活动的文字，是目前发现最早的成熟文字。

图 1–17 汉文字的演变

对事物具体的描述演变到抽象表示，最终演变成汉文字。

1.2.1.3 设计符号学

另一方面，为了使符号传递意义具有一致性，人们又不断地对符号的应用做出各种人为规定，并创造出各种科学和领域的符号，如交通安全性的指示符号等，推广其使用范围，提高其通用性，使得所有人对符号的认知和理解有共通性，从而使符号成为意义传递的重要工具。（图 1–18）

图 1–18 当代设计中的符号

在西方，符号学一词源自希腊语。符号学一般公认是由 19 世纪末的查尔斯 · 皮尔士 (Charles Sanders Peirce, 1839−1914) 和费尔南多 · 索绪尔 (Ferdinand de Saussure, 1857−1913) 开创，罗兰 · 巴尔特 (Roland Barthes, 1915 −1980) 则首先将符号学观点应用于广告媒体研究中，他以符号学来进行对广告的编码，挖掘出广告背后所隐藏的意义。符号学理论开始被引用在设计领域中，设计符号学逐步成型。

设计符号是一种综合交叉的文化表现形式，设计与符号学的关系非常密切。符号是负载和传递信息的中介，是认识事物的一种手段，表现为有意义的代码和代码系统。以符号学的理论重新认识设计，就是把符号看作设计的元素和基本手段，它是沟通和联系人与自身、人与产品、产品与产品的中介，直接影响人的生活方式，设计中的符号作为一种非语言符号，与语言符号有许多共性，使得符号语言学对设计也有实际的指导作用。（图 1−19）

图 1−19 符号在产品设计中的应用

A. 设计符号的特性

符号是人类所独创并所独有的，这是符号的基本特性。此外，设计符号还有以下一些主要特性。

a. 任意性

符号是用来代表事物的。每个符号都有“用什么来代表”和“代表的是什么”两个方面，这叫作符号的形式和内容，也叫符号具和符号义，符号学中称为“能指”和“所指”。符号具和符号义或者能指和所指之间的关系是任意性的。它们的联系与结合并非存在着什么必然的关系，而完全是出于符号创造者的主观规定和社会成员的共同约定。因此，同样的事物可以用不同的符号具来表达。而同样的符号具又可以表达不同的符号意义。在设计活动中，符号的任意性会在创新中体现。（图图 1−20、图 1−21）

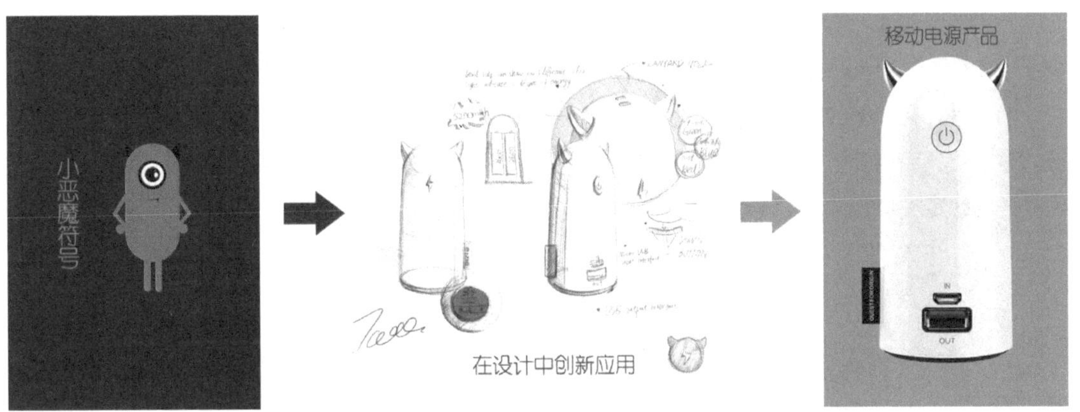

图 1-20 符号的任意性：符号在移动电源产品设计中的创新应用

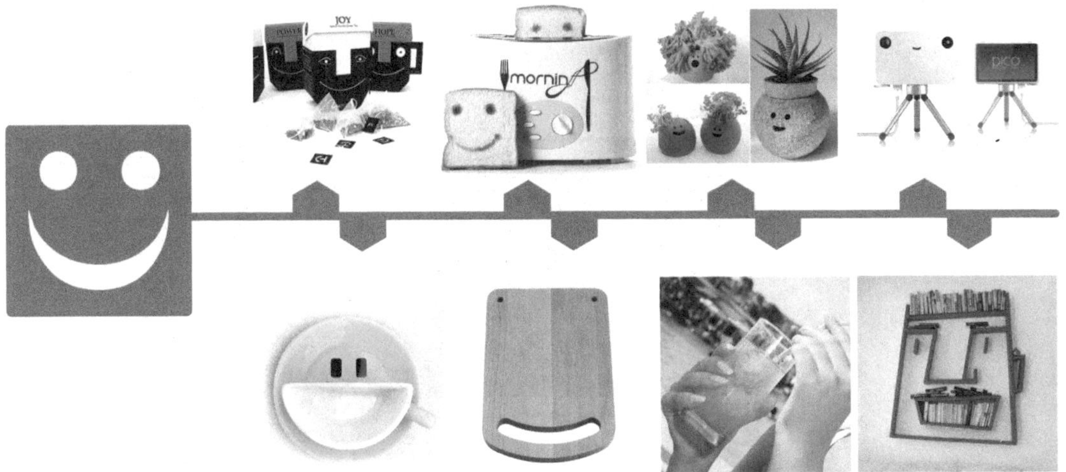

图 1-21 符号的任意性：同类符号在不同产品上具有相同的符号意义

b. 约定性

虽然符号与符号义之间的关系是任意性的，但是符号一旦创造完成，具体的联系一经社会成员认同、约定，那么就成为一种社会习惯，具有某种不变性，任何人都必须遵守，不得随意改变。符号作为社会约定俗成的表示意义的标记，一经置于社会领域，是难以改变的。要变，也是在历史的长河中发生的渐变和量变。符号创造完成后，具和义的联系经社会认同并成为社会习惯，就具备了相对的稳定性。任何人都会自觉遵守，把其作为约定俗成的意义标记置于社会生活中。当然，这种约定会随着时间的变化逐渐增加所指和能指。（图 1-22）

图 1-22 符号的约定性：符号的演变与应用

在设计活动中，运用设计符号首先是设计符号的约定性。虽然，设计活动本身又体现着创新性特征，大量的创意活动在设计中展现，这种创新性的运用要和符号变化的量变和质变规律有所结合。设计的符号只有具备约定性，才能为大众所接受。例如，数字键的排列组合方式成为一种约定符号，被大众认可，若改变就需要重新认知。所以电话、计算器、键盘等产品的数字按键，大部分都会按照符号的约定性进行设计。（图 1-23）

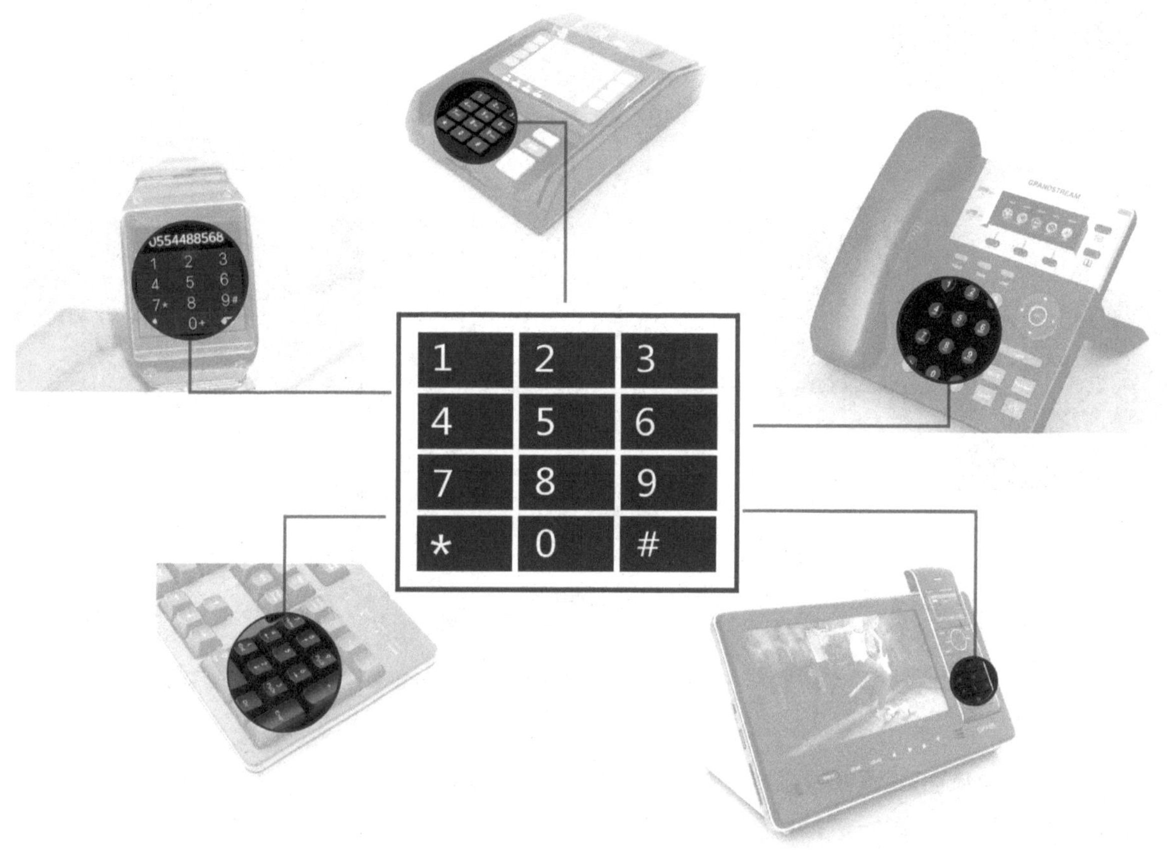

图 1-23 符号的约定性：同类符号在不同产品中表达同样的含义

c. 认知性

设计的目的最终是面对消费者，设计符号就要承担起让目标全体知道、熟悉并理解的作用。如果设计符号并不能为人所知，或者说不能让消费者很好地理解，并由此产生认同，就失去了其存在的意义，所以说认知性是设计符号语言的生命。设计符号的制作者可以给予设计符号一个躯壳，但是还要消费者通过认知给予设计符号生命，否则设计符号以及作品就完全失去了意义。（图 1-24）

“旋、按、拨、推”是使用产品的几个基本动作，同时也是产品的指示符号，为消费者所熟知。使用者不需要看操作说明书，通过操作符号的提示就知道如何使用。

d. 传授性

人类识别符号、理解符号和运用符号表达意义的本领并非天生，认知设计符号的基础是建立在

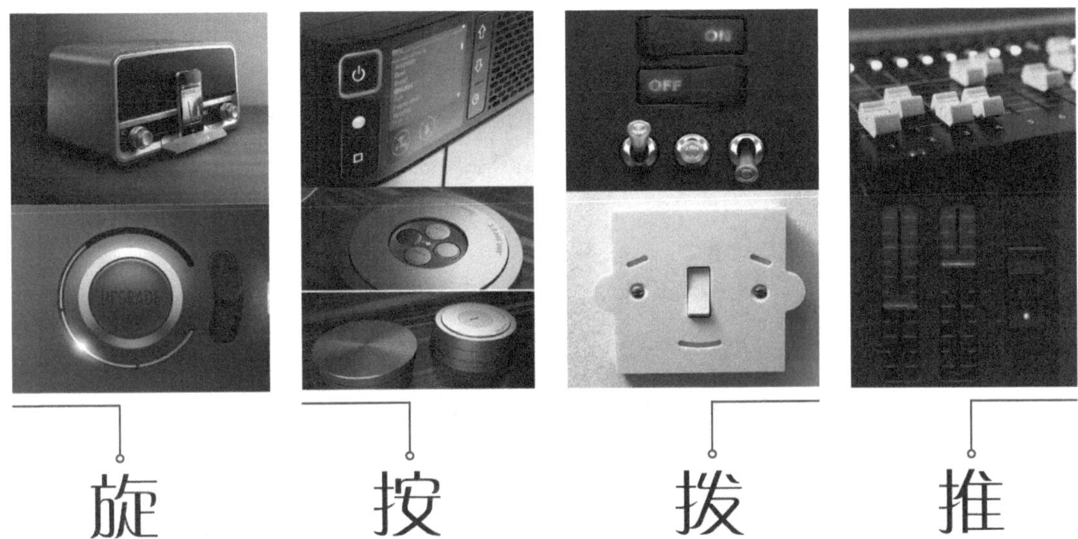

图 1-24 符号的认知性

通过对符号的学习而获得的。符号的传授性特点决定了人必须既要掌握符号系统的组合规则，又要掌握符号系统的文化密码和语义内幕；同时，还要拥有由一个符号系统转入另一个或几个符号系统，实现不同符号之间的交流、沟通或互译的基础本领。在设计过程中，设计者必须要了解人们对原有符号掌握的程度，还要承担传授其新符号的意义，在此基础上设计符号才能够使人接受并掌握。

图 1-25 符号的传授性

键盘是使用者已经了解和掌握的一个符号系统，图 1-25 的键盘设计加入了一个新的符号系统：多个快捷键以方便使用计算机的功能。这个新的符号系统是在原有的基础，延续了键盘的符号特征，赋予了更多、更广的功能和更自由的使用方式。

e. 独特性

绝对意义的独特是不存在的，推陈出新往往是渐变的，设计符号也不例外。设计的创新性决定了设计符号必须要具备独特性。在大多数情况下符号强调的是“认知性”，但设计必须要具备某种独特的性质和与众不同。符号是一个灵活的开放系统。符号不是孤立的，而是既相互对立、互相区别，又互相联系、互相制约的。符号的组合性既依赖逻辑规律和语法规则，也依赖符号本身的开放性、灵活性和适应性。在此特点下，设计符号的独特性就应该有迹可循。设计者在已被接受的原有符号基础上，按一定的规则组合成新的形式，就可以做到其独特性。

图 1-26 符号的独特性

图 1-26 的键盘设计在已被接受的原有键盘符号基础上，重新对产品的材料、色彩和使用过程等符号按消费体验的规律组合成新的形式，产生别具一格的使用感受。

f. 时代性

设计是与时俱进的。随着时代的发展，设计符号的形式和内容也处在变化中。只有根据时代特征和消费者需求变化不断完善设计符号的形式和内容，赋予其时代特征，设计符号才能维持其生命的持久性，否则，只会随着时间而悄然流逝，逐渐淡出消费者的记忆。设计符号的时代性特征要求设计者把握时代的变量脉搏，不断地去迎合时代和消费者的需要，还要创造时代的潮流，这样才能够让设计持久不断地保持创新。（图 1-27）

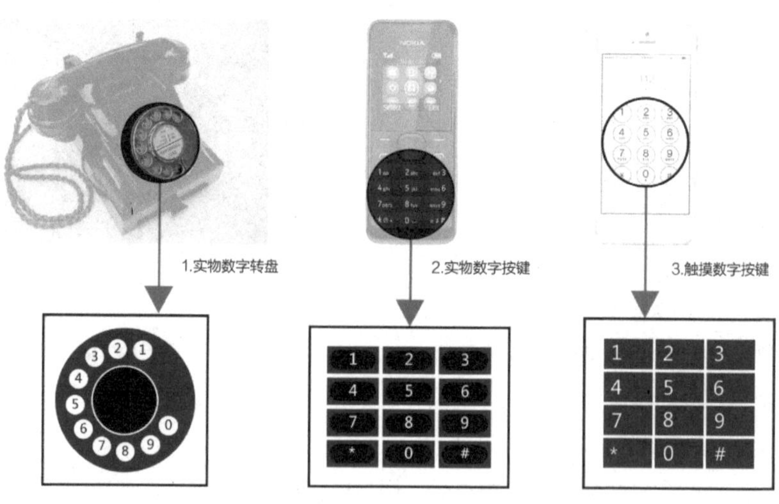

图 1-27 符号的时代性

科技的进步，导致电话机从以前圆盘拨号方式进化到按键轻触方式。拨号符号的功能没有改变，但符号的形式改变了，设计符号的形式是与时俱进的。

B. 设计符号的功能

设计符号的功能就是通过信息来传播观念。符号最基本的功能就是用来认知和交际。所以，符号的功能问题与传播的要素、传播的过程、传播的手段有关。通常，设计符号具有以下几大功能。

a. 指代功能

法国学者皮埃尔·吉罗指出："指代功能"是一切传播的基础。这种功能确定信息和它所指对象的各种关系；根本的问题在于为指代对象建立真实的信息，即客观的、可观察到的和可验证的信息。（图 1-28）

"椅"，是我们对所有能够满足"坐"这一功能物品概括的称谓，它是一个符号系统，一个抽象的认知，没有明确指代。"沙发""餐椅""方凳""电脑椅""明式圆凳"等不仅指代的是可见可摸可坐的客观事物，而且能使人们在同类"椅子"中将其一一区分开来，从而可以避免符号与事物、信息与被编码的现实之间产生混淆。

图 1-28 "椅"的指代功能

b. 情感功能

情感功能是确定信息与发送者之间的关系。指代功能和情感功能是符号传播信息的两种既互相补充又互相竞争的基础功能。我们可以把它们看作符号中运用的两个功能：一个是认识的和客观的，另一个是情感的和主观的。而且，这两种功能是以极为不同的编码方式进行的。

图 1-29 设计符号的情感功能

图 1-29 中拟人的表情和动作符号，虽然经过设计师高度概括和抽象，但我们仍然能感受到情感的变化。设计者通过设计符号表达情感，使用者则通过设计符号感受情感。因此带有符号的情感必须是双方都认知和接纳的。

c. 指令或表意功能

指令或表意功能，确定的是信息和接收者之间的关系。因为任何信息的传播都是为了获得接收者的反应。指令可以指向接收者的才智，也可以指向其情感性，同时在这种平面上，也有着客体——主体、认识——情感的区别。这种区别使符号的指代功能与情感功能对应起来。（图 1-30）

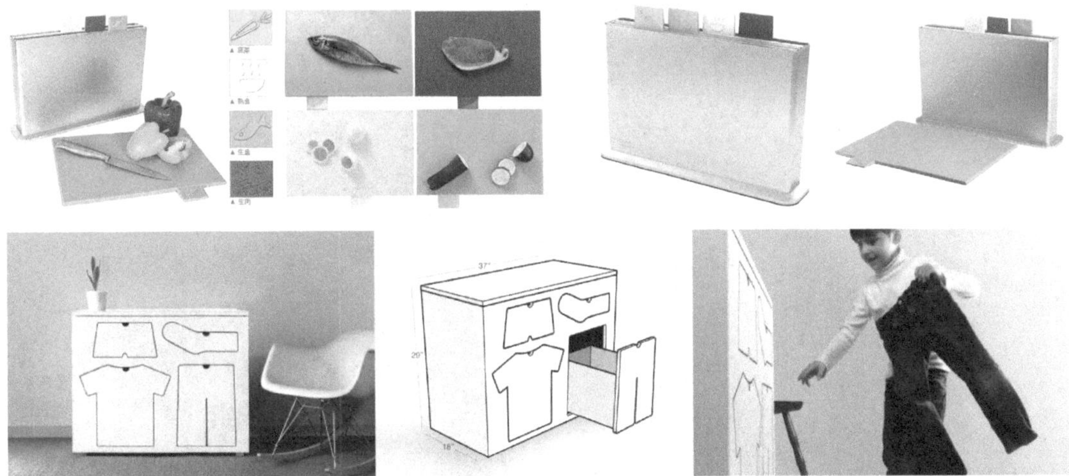

图 1-30 设计符号的指令或表意功能

d. 美学功能

雅柯布森把这种功能确定为信息与其自身之间的功能关系。这种功能在文学上被形象地称为“诗歌功能”。因为，各种艺术与文学都在创造信息——对象。而且，艺术和文学既作为对象而又超出为其奠定基础的直接符号的范围，使其成了自己意指作用的承载者，信息这时已经不再是传播的工具，而变成了对象。（图 1-31 ~图 1-33）

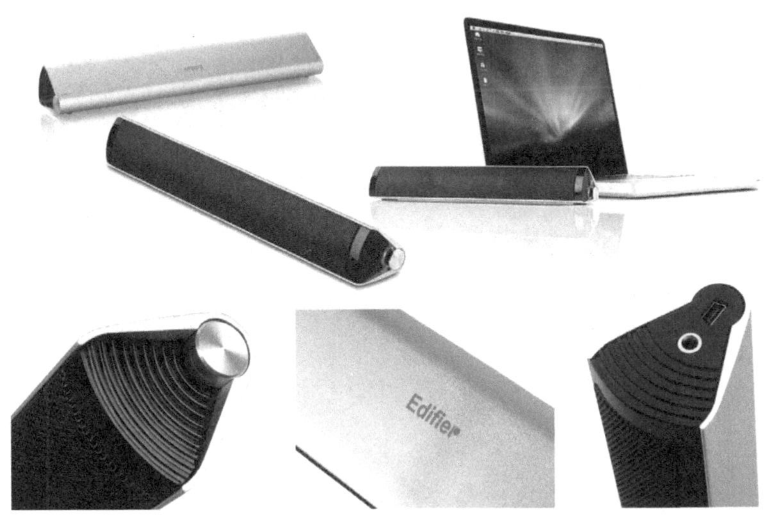

图 1-31 漫步者 M16 音箱 简洁时尚的美

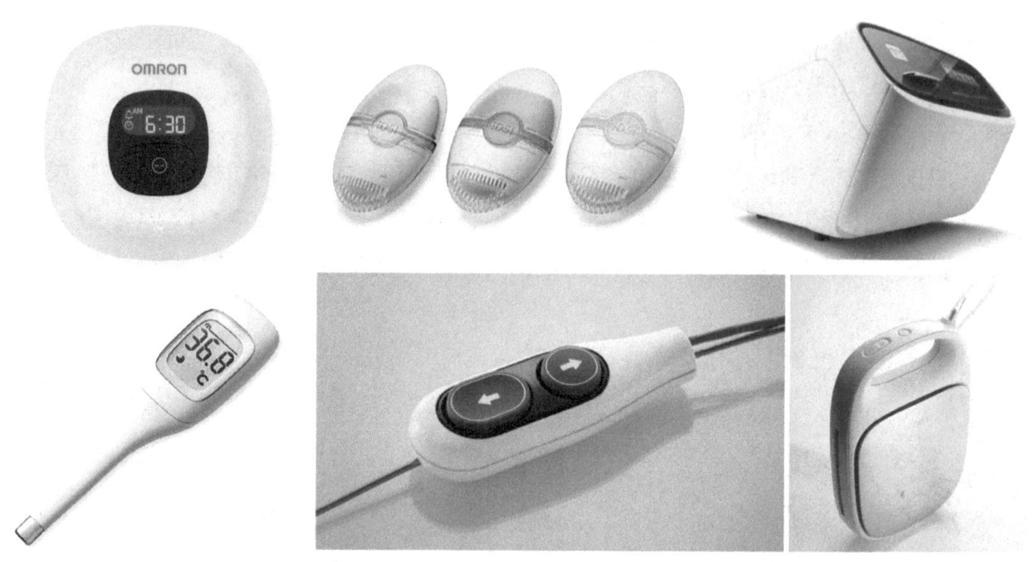

图 1-32 医疗器械类产品 圆润亲和的美

图 1-33 生活消费类产品 色彩缤纷的美

上述符号功能，不是以一种平均的等量的状态分布在传播的过程和各种传播类型之中的，而是以不同的比例和主从关系分散在不同的讯息和传播活动之中，有时是这一种功能占主导地位，有时是另一种功能占主导地位。功能不一定都是正向的、积极的功能，有时还会产生反向的、消极的功能。因此，我们应该正确地认识和看待符号的功能。

1.2.2 产品即符号

1.2.2.1 产品符号学分类

符号学理论的引入赋予产品更深层次的思考，产品不只是某种功能实现的手段，也是高度象征性的生活或文化用品。这种以符号学的规律和理论方法来指导产品设计的方法称为产品符号学。

按美国哲学家莫里斯对符号学的分类方法，产品符号学可以分为产品语言学、产品语意学和产品语构学三部分。（图 1-34）

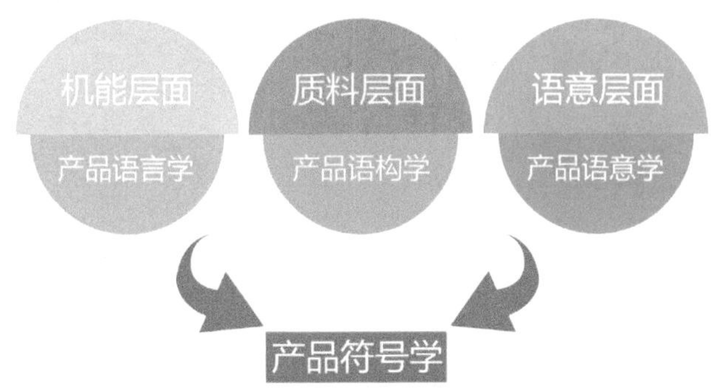

图 1-34 产品符号学体系

a. 产品语言学研究的是关于造型的可行性及环境效应与人的关系；

b. 产品语构学研究的是关于产品功能结构与造型的构成关系；

c. 产品语意学研究的是造型与意义的关系。对意义的把握可以是直觉的，也可以是经验或思考的结果，可唤起共鸣、情感的激发，也可引起人们的行为反应。

1.2.2.2 符号是产品的语言

在产品符号学的理论体系下，产品形态的设计不仅表达产品是如何生产，运用了哪些技术，有什么样的功能，还要告诉我们一些有关使用者的信息，如生活方式，归属感和价值观念，甚至包括产品形态源自哪些文化脉络。产品的语言就是符号，符号就是产品世界的文字。（图 1-35）

图 1-35 产品符号的过程

产品的符号如同人类的语言一样。没有语言，人们则无法交流、表达思想，同样，没有符号，产品也就难以将形象的象征与喻义、指示与意向进行双向的反馈与传递。我们都知道符号是传递信息的媒介，设计师通过产品的形态、色彩、肌理、装饰等要素以及设计意图、设计思想构成了它所特有的符号系统。通过这个符号系统，设计师赋予产品以新的生命；通过这个符号系统，使用者可以了解产品的属性和它的使用操作方法，以及产品的性能和功能，它是设计师与使用者之间沟通的媒介；通过这个符号系统，可以将产品的情感、审美和意义等传递给使用者。这个符号系统其实就是产品本身，所以产品即符号，产品的语言就是符号。（图 1-36）

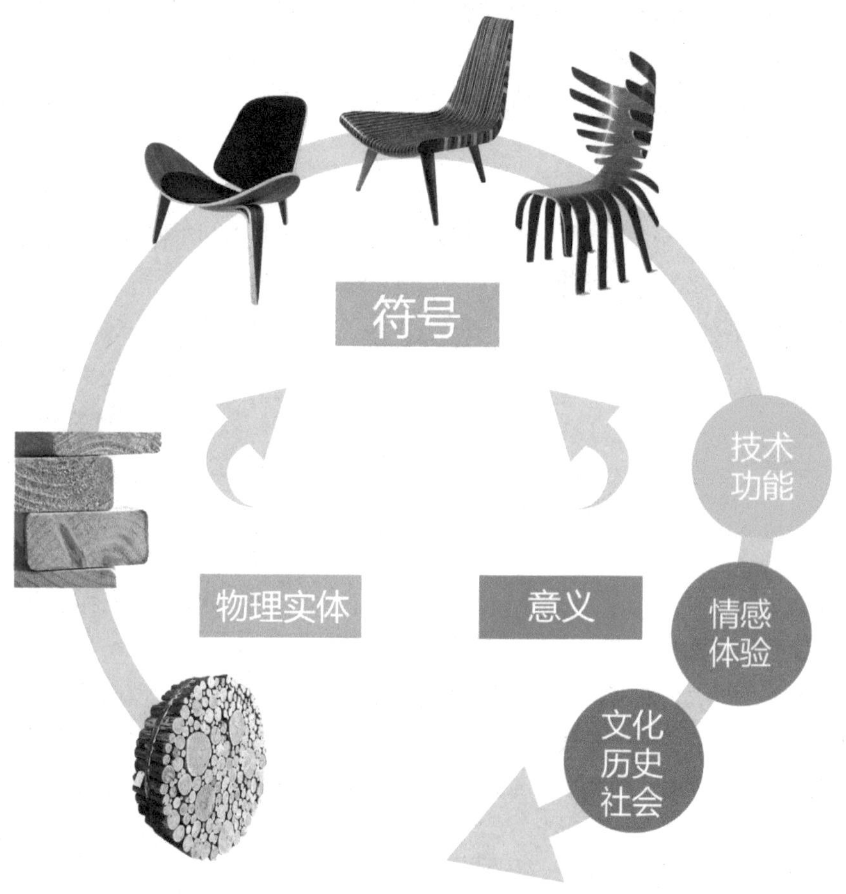

图 1-36 产品即符号

树木在森林里被砍伐下来，制作成木方，通过精心的设计和精良的工艺加工，生产出一款款各具特色的椅子。“木头”就是一个物理实体，但如果把这块木头制作成一把椅子，则它便拥有了意义，一种不同于“木头”的意义。因此我们把它称作椅子而不是一块“木头”。椅子利用线条、图形、色彩等造型要素组成的结构系统，属于产品视觉符号的能指方面。而椅子形态所传达的意义，如情感、体验、文化、社会意义等，属于产品视觉符号的所指方面。两者只有在社会约定俗成的基础上才能产生表达意义的作用。此时这“木头”椅子不仅是一个物理实体而且成为一个符号。

■ 课堂作业

讨论：

1. 从社会不断变化的角度，讨论产品设计理论的演变过程。
2. 设计符号的重要性有哪些?

■ 思考题

1. 产品语意学的发展趋势是什么?
2. 什么诱因导致产品语意学的兴起?
3. 产品语意学建立的目的是什么?
4. 符号在设计中如何表现指代功能?
5. 符号在设计中如何表现情感功能?

■实训项目

项目一：分析产品语意的研究目的。

实训目的：了解产品语意。

实训器材：纸张、数码相机、电脑及常用的软件等。

实训指导：

1. 通过互联网收集产品资料，对实物进行拍照，进行产品语意目的分析；
2. 以小组为单位分工合作完成，现场小组发布。

实训成果：课程结束后，每组学生提交一份产品语意分析报告（电子文档）。

项目二：符号“认知性指示”设计。

实训目的：

1. 掌握设计符号的特性；
2. 以“推、旋、按、拨”动作为主题进行形态设计。

实训器材：纸张、石膏粉、电脑及常用的软件等。

实训指导：每个动作不少于四个形态设计草案，教师现场给予指导；

实训成果：课程结束后，每位学生提交符号“认知性指示”石膏模型。

■课外练习

1. 通过互联网收集有关产品的发展进程，并分析其发展中体现出的不同语意。
2. 通过互联网收集有关设计符号的产品，并按符号功能分类。

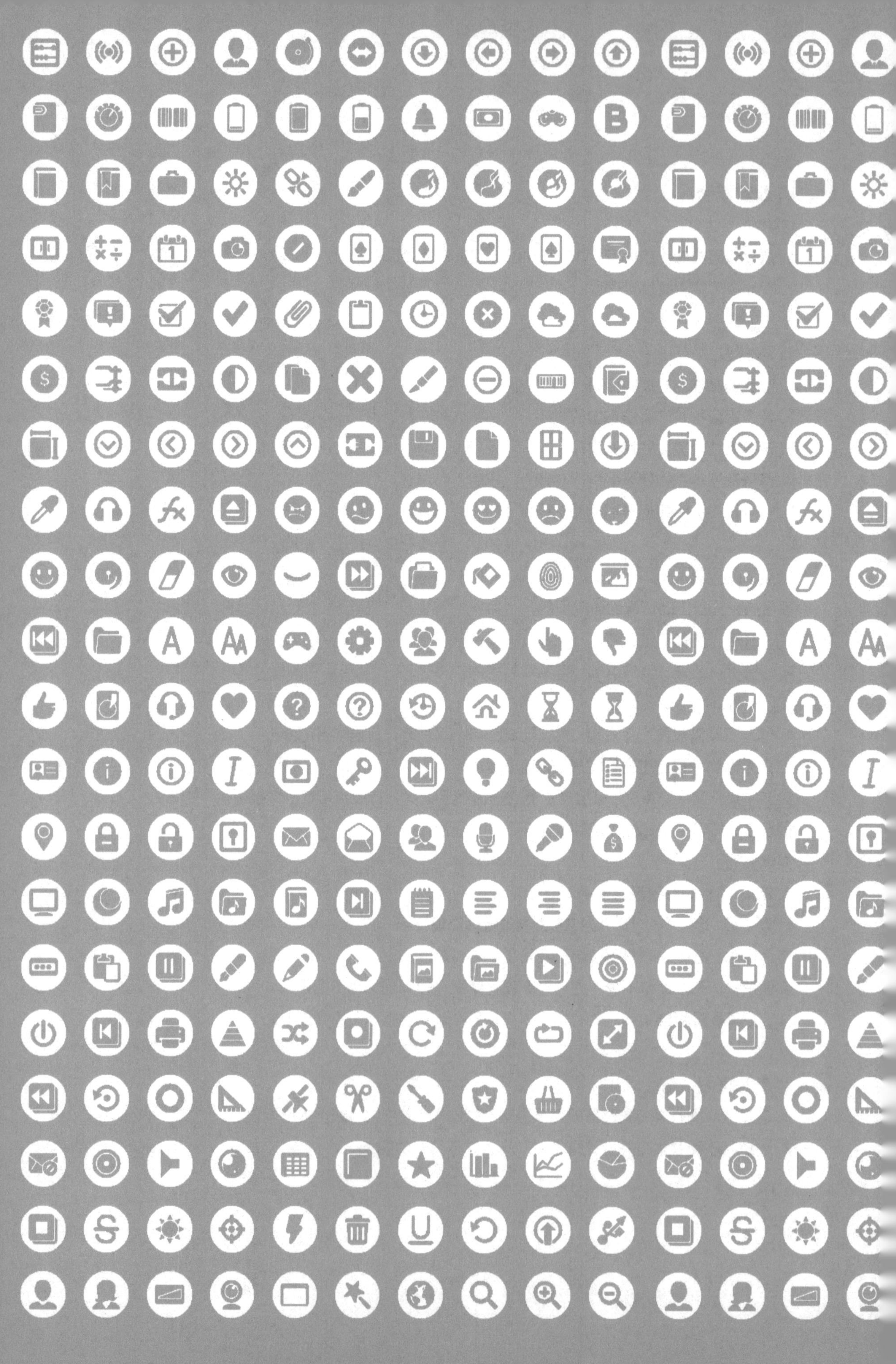

2 分析篇

知识目标

- 了解产品形态的构成，掌握产品形态的点、线、面和体的特征。
- 了解产品语意与产品的关系、产品语意的分类，理解产品语意的传达。
- 了解产品指示性语意的概念，掌握产品指示性语意的基本类型与特性。
- 了解产品象征性语意的概念，掌握产品象征性语意的基本类型与特性。

能力目标

- 熟练掌握产品语意的内涵和外延的特性，运用产品语意传达的观点对产品进行语意分析。

2.1 听听产品在说些什么

营造一种情境，诉说一个故事，好的产品会告诉使用者：我是什么产品，我适合在什么时间和地点使用，我应该如何被你使用，我的性能怎样，我属于怎样风格，我有着怎样的个性，我有着怎样的情绪，我意味和象征着什么……（图 2-1）

图 2-1 产品都在讲故事

2.1.1 产品形态的构成表述

产品语意学的设计理论认为“产品是会说话的”，它主要是通过“身体语言”——产品形态来说话。产品形态是指产品的外观，你能看到的、摸到的、闻到的和听到的。

形态是产品有机整体的一个重要组成部分。它提供了使用、评价等活动的对象和起点，也是设计要提供的最终结果，所以产品形态也是设计者和理论家讨论的重点。产品语意学是围绕形态这一焦点形成的设计理论。

产品形态作为传递产品信息的第一要素，它能使产品内在的材质、组织、结构、内涵等本质因素上升为外在表象因素，并通过视觉而使人产生一种生理和心理过程。与感觉、构成、结构、材质、色彩、空间、功能等密切相联系的“形”是产品的物质形体，在产品造型中指产品的外形，“态”则指产品可感觉的外观情状和神态，也可理解为产品外观的表情因素。对于设计师而言，其设计思想最终将以实体形式呈现，即通过创意视觉化，用草图、示意图、结构模型及产品实物形式加以表现，达到其再现设计意图的目的。因此，从一定意义上可以说，工业设计是作为艺术造型设计而存在和被感知的一种“形式赋予”的活动。工业设计师通常利用特有的造型语言进行产品形态设计，并借助产品的特定形态向外界传达自己的思想与理念。（图 2-2）

草图、示意图、结构模型、产品实物 传达

图 2-2 设计理念的传达方式

无论自然物还是人造物的形态多么复杂，在几何意义上都可以归纳为点、线、面、体四个最基本的单位，但是人的参与却使得这些在几何意义上没有任何感情色彩的基本单位表达了“不同的性格和丰富的内涵，它抽象的形态赋予了艺术内在的本质和超凡的精神”（康定斯基）。

形态构成元素主要指点、线、面、体。它们在产品设计中的运用，除了会产生不同的视觉感受外，也会与人的心理发生作用。

点

点在产品形态中的体现是多样化的，可以是按键、散气孔、摩擦点和装饰点等，同时点具有空间中的方向、位置，还有大小、形状、高低、色彩、材质等不同的表现形式，传达着不同的视觉信息。方形点给人以稳健感，圆形点具有亲切感。因为点在产品设计中具有了相对的面积和形态，从而上升为一种具有空间造型的“线、面、体”，引起了不同的视觉刺激和感受，传达着不同的视觉信息。（图 2-3）

线

在产品造型中出现的线，一般是面和面的转折线，或两种材质的交接线，或是产品模具的分缝线。线的造型中不仅具有一维空间，同时具有了宽度、深度和密度。它的长短反映物体面积的大小，粗细疏密传达肌理和量感，方向及空间位置体现产品的造型风格。因此，线不仅是形状的轮廓，也是独立的造型。直线与弧线的组合，产生了刚柔相济的风格。折线反映着点的运动方向的改变，不同长短的折线给人以或从容或紧迫的不同心理感受。（图 2-4）

面

面是产品使用功能实现的所在，是产品和人接触的交界。面具有组合与分割立体造型的功能。同时，由于面能表达开阔、体量大的概念，因而具有统一大基调的作用。但若面的体量过大，缺乏

图 2-3 点在产品中的表现

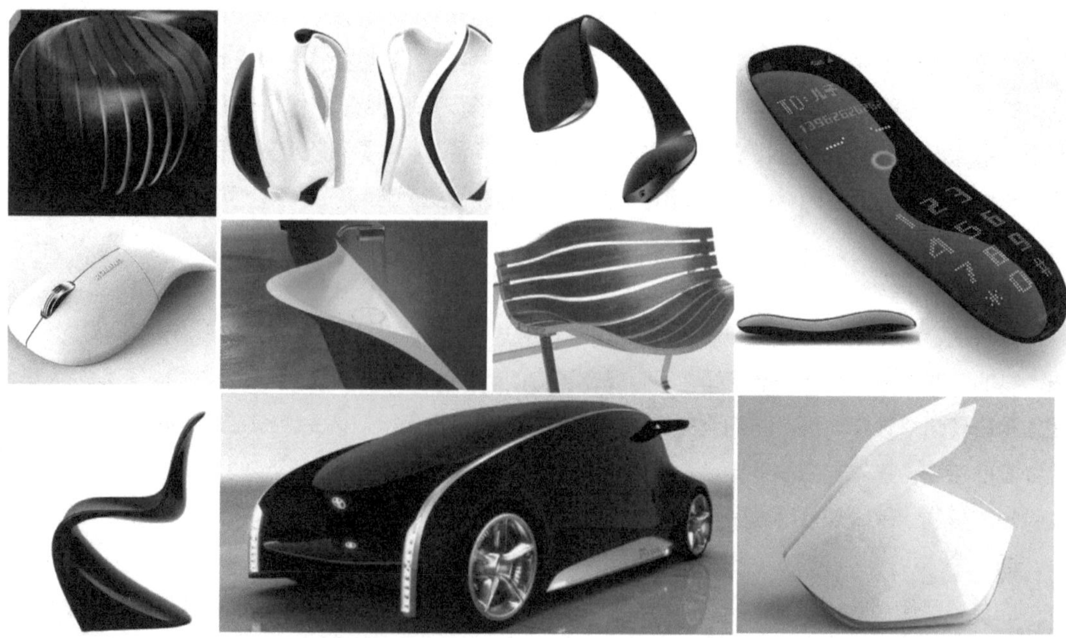

图 2-4 线在产品中的表现

视觉兴奋点，就会产生空洞、单调的视觉感受。因此，点、线、面在造型中必须合理运用，以不同的组合方式表达不同的空间概念，产生虚实、动静、软硬的变化，给人以不同的心理感受。(图 2-5)

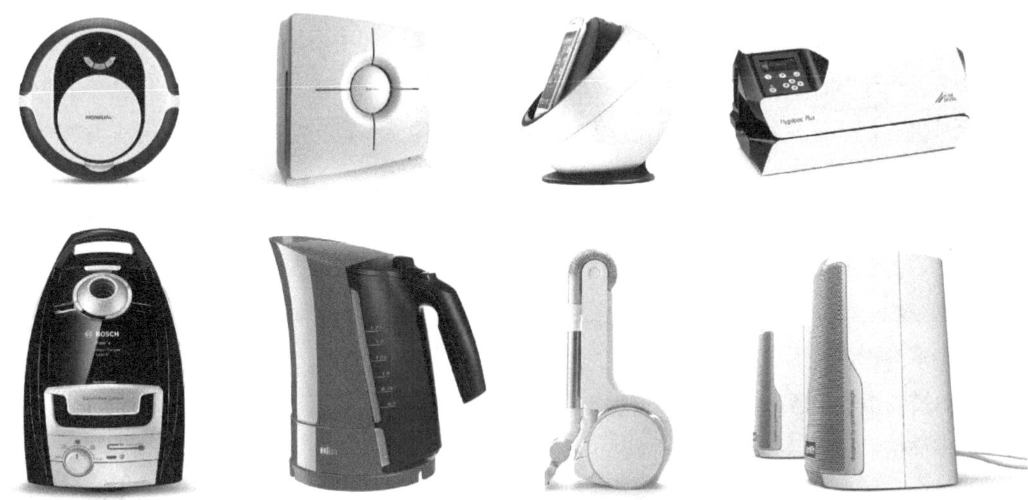

图 2-5 面在产品中的表现

体

体是产品造型最基本的要素，是构成产品功能的空间表现。体是在空间中具有长、宽、深三维的形体。从动态的角度看，体是面运动所形成的，如一个方形平面，沿着垂直于该平面的方向进行运动，其轨迹形成正方体或长方体。从静态的角度看，体是占据空间的实体。厚的体量有庄重、结实之感，薄的体量产生轻盈感。体的基本形可分为球、圆锥、圆柱、立方体、正棱柱、正棱锥等 6 种。这些基本形是造型中最基本的“语言”单位。从基本形态中的任何一个形态出发，将它稍加变形，就可从一个基本形态演变到另一个基本形态。体的构成，可用添加法和削减法来进行造型，从而产生出很多新的形态。(图 2-6)

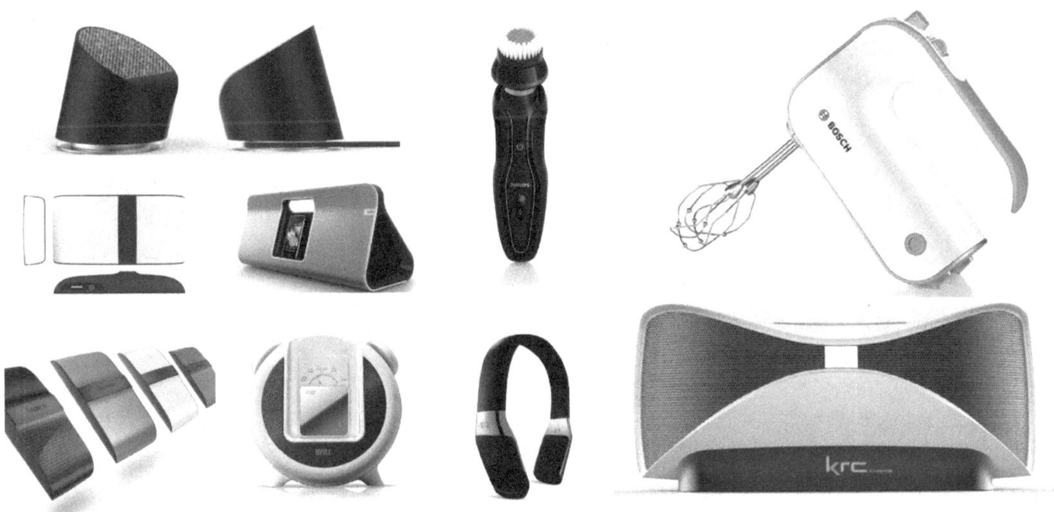

图 2-6 体在产品中的表现

2.1.2 产品形态语意的解构

2.1.2.1 产品形态是语意的载体

从产品语意的观点来看，产品的外部形态实际上就是一系列视觉传达的符号——点、线、面、体等形态要素，是设计师与审美主体在产品形态信息传递过程中最基本的“语言”材料。产品的形态价值并不在于它的自然材质，而是它的外部形态性，即用它来显示某种意义，产品在生产和生活中已经成为人们表达某种意义的形式。因此，产品是一种具有意义指向、表现与传达类语言作用的综合系统。

产品是一种符号，可以通过造型传达本身的意义。因此，能通过类比、暗喻、寓意等手法建立起自明的、容易理解的、友好的界面。通过它，使用者可以了解设计师试图传达给他们的东西——这是什么东西，有什么具体功能，有什么要注意的，背后有什么特殊的意义等。因此，符号、载体、意义和传播沟通已成为设计的关键词语。例如一张桌子、一把椅子，它带给人的不仅有使用的功能、材料、科技含量的信息，也包含着对传统文化、科学观念等的认知。因此分析造型也就明晰了“意”存在的多样性。所以可以说产品是语意的载体。（图 2-7）

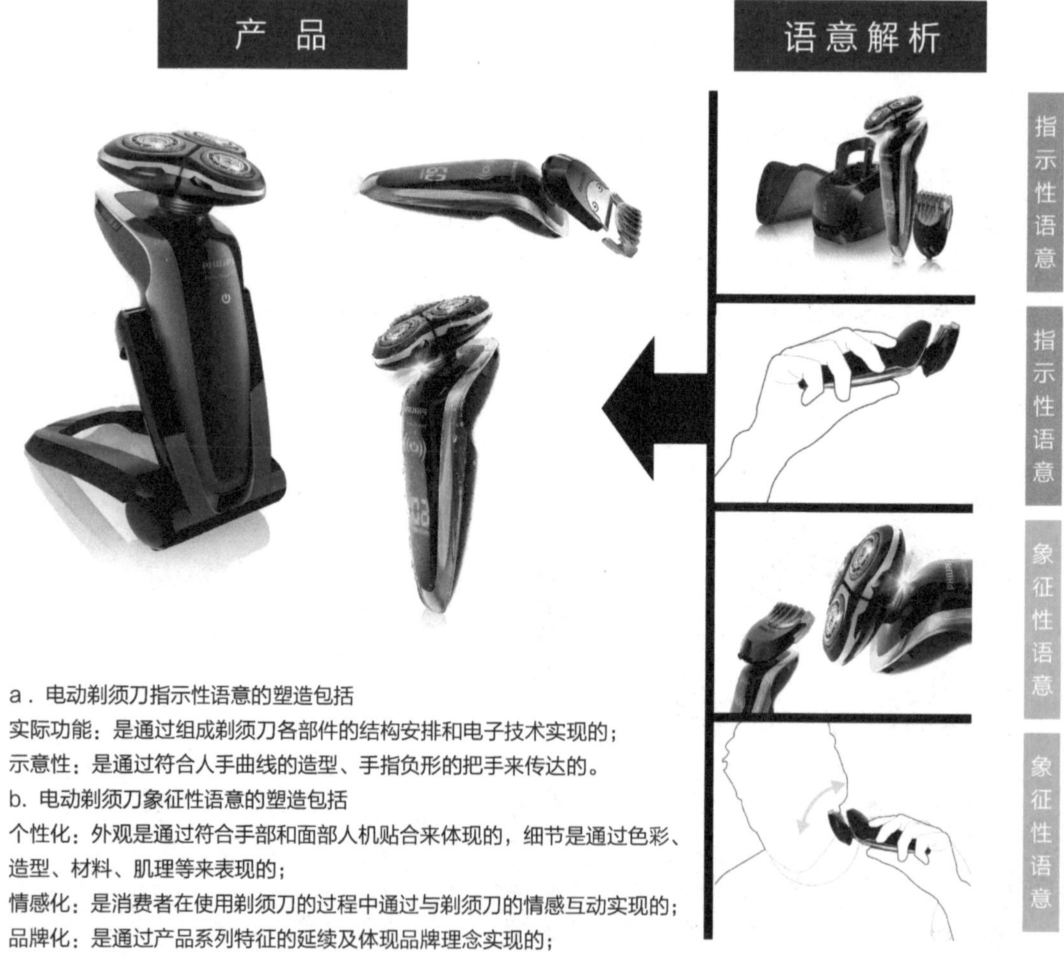

图 2-7 产品语意解析（飞利浦电动剃须刀）

A. 直接说明

产品语意学通过产品形象直接说明产品内容本身。通过对产品的构造、形态，特别是特征部分、操作部分、表示部分等设计处理，表达产品的物理性、生理性功能价值。例如产品有哪些作用，如何正确进行操作，性能如何，可靠性如何——这些都无法由设计师直接向使用者传达，而必须依靠产品自身进行解释。(图 2-8)

图 2-8 头戴式耳机传达头戴与收听的信息

B. 间接说明

产品语意学通过产品形象间接说明产品内容本身以外的东西，能够隐含意指产品在使用环境中显示出的心理性、社会性、文化性的象征价值。例如产品给人高贵、有趣、有生命力的感觉，或通过产品感受文化象征性，或由一系列产品形象传达企业自身的形象等隐含的信息。(图 2-9)

2.1.2.2 产品形态的外延和内涵意义

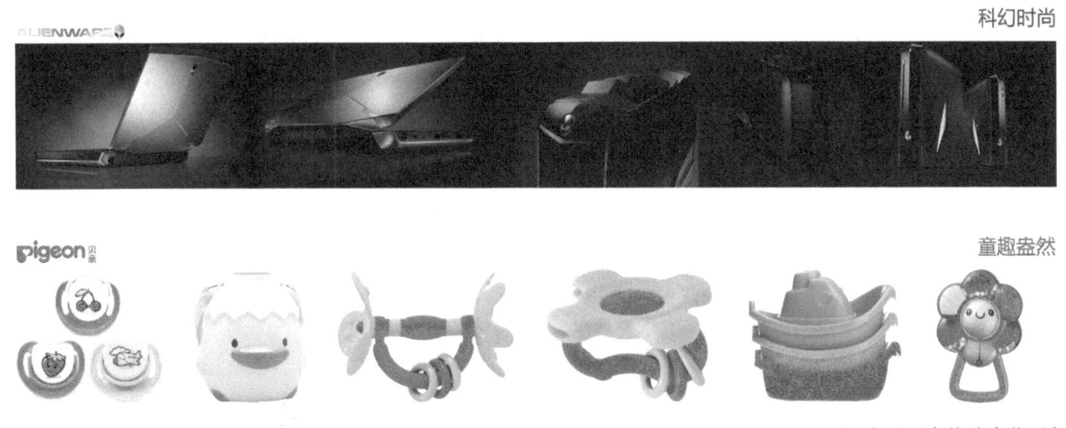

图 2-9 产品形态传达企业形象

一个想法或(语言)表达的外延由它所适用于的事物构成，它是相对于内涵的。这个一般概念来自语意学，也适用于一些其他领域。内涵是指一个概念所概括的思维对象本质特有的属性的总和。内涵往往以外延的存在为前提。因为内涵语意是基于对某种动机的主观认知，而表示与符号外延相关的主观价值，而符号的外延是由客观构想的所指所构成的用以实现传达功能的符号的语意。

产品语意的外延是符号意指功能确确实实所指的，不受主观意志所转移，语意外延意指的意义通常呈现出指示性的功能，如合乎一定使用要求的结构形式，按钮的开、关或结点处的旋转等操作；而语意的内涵所表现的就是有关形式与外延结合体的主观价值，内涵意指则表现在产品的象征、风格、情感、文化属性等方面，即情感功能、文化功能、流行时尚功能、社会意义功能等。(图 2-10)

外延意指的部分，设计师与使用者取得相同的语意相对容易，因为通过社会的同质与人的生理的相似，两者能够同时拥有许多相同的语意符号。

内涵意指的部分，设计师与使用者取得相同的语意则是无法轻易达成，特别是每个人都有其独特的生活经验及文化背景，因此很难以量化的方式探询一致性的语意模式。

图 2-10 产品语意的外延与内涵

2.1.3 指示性语意与象征性语意

产品的使用者通过一种媒介来了解产品；同时，产品也通过这种媒介来向使用者展示自己。国外的产品语意研究者称呼这种媒介为——功能，但是这里所指的功能不仅仅是指产品的实际功能，而是一个内涵丰富的系统。这个系统包括产品的实际功能和产品的语意功能（产品是会说话的）等。

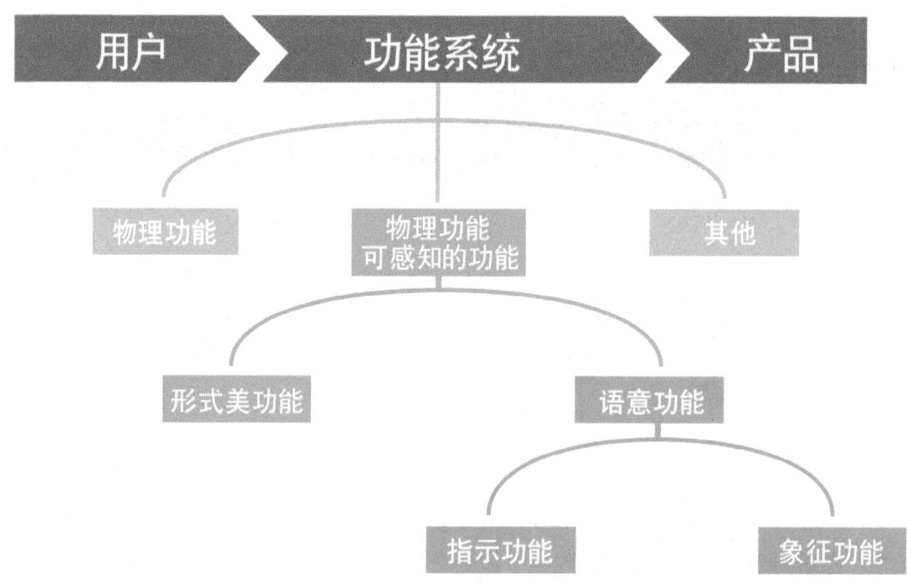

图 2-11 产品语意功能系统

从图 2-11 中我们可以看到，产品语意功能可以分为指示功能和象征功能。产品的指示功能告诉用户“这是什么产品”“应该怎样使用”“性能怎么样”等；产品的象征功能暗示用户这是“什么品牌的产品”“哪个时代的产品”“哪个国家的产品”“属于什么风格”等。

因此，产品语意可以划分为指示性语意和象征性语意两个大类。

2.1.3.1 指示性语意

指示性语意是指符号与指称对象构成某种因果的或者时空的连接关系。就符号与指称对象之间的对应来说，指示关系比模拟关系更加直接。指示性语意与指称产品之间的关系必须是直接的，所以它总是与某种具体的或个别的功能和方式相关联。

指示性语意是指在产品的造型要素中所表现的“显在”的关系，即由产品的造型本身直接说明产品的实质内容。它是通过对产品造型特征部分和操作部分的设计，表现出产品本身就具有的、内在的功能价值。有些指示性语意也借助于文字、图形和本身共同作用，使语意的意义更准确，更容易为人所知。（图 2–12 ~ 图 2–14）

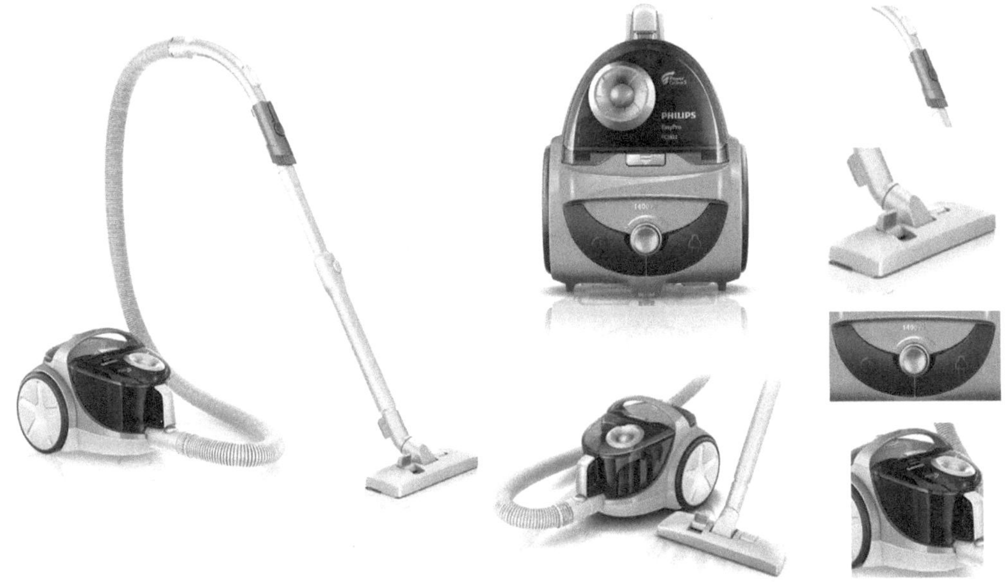

图 2–12 飞利浦吸尘器 FC582

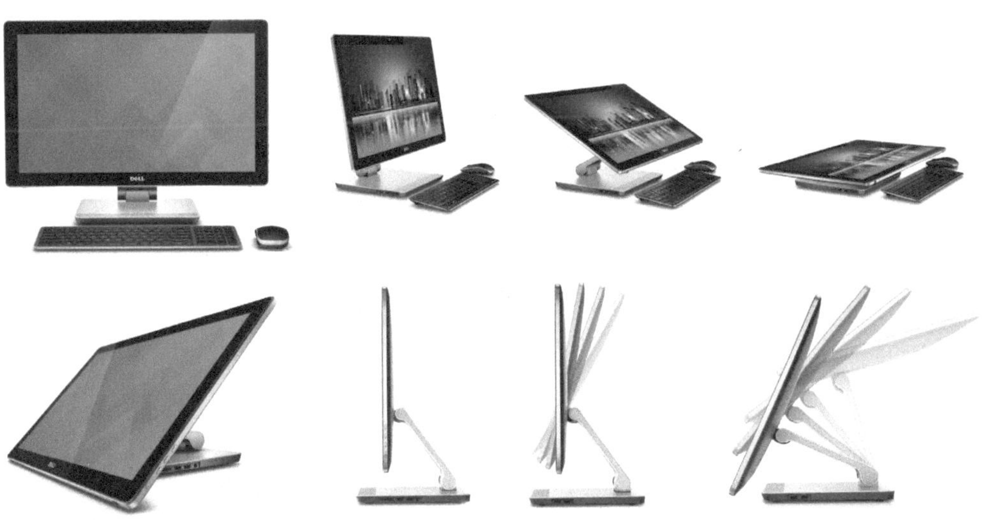

图 2–13 戴尔 Inspiron One 个人电脑

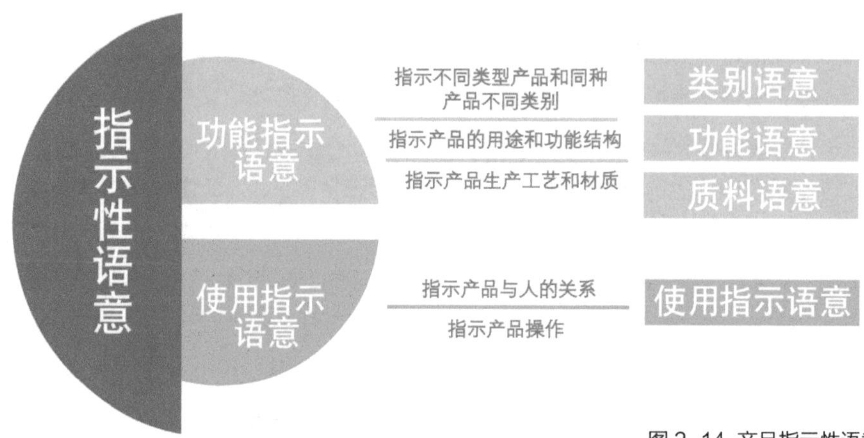

图 2-14 产品指示性语意

产品语意蕴含的指示功能的意义：

※ 它是建立在产品实际功能与特性的基础之上的；

※ 它是科技与人类交互的媒介；

※ 它有助于用户了解物质世界；

※ 它有助于提高产品的易用性、亲和性、自我阐释性；

※ 它有助于加深用户对于产品可靠性的理解。

2.1.3.2 象征性语意

象征性语意表示产品另外的一种关系。在这种关系里，符号与指称对象之间的联系完全是约定俗成的。象征性是指在产品的造型要素中不能直接表现出的“潜在”的关系，即由产品的造型间接说明产品本身的内容之外的东西。产品的形态只不过是其他内容的象征和载体。所谓其他内容就是指产品在使用过程中所显示出的心理性、社会性和文化性的象征价值。

产品不仅作为一种具有形式美的视觉形象，还要具有文化意义。设计中应强调产品的“附加属性”，即表达一定的含义，这样就使得产品不仅仅是一个“纯粹的物”，而是具有多方面文化意义的“多维艺术”。在艺术设计领域，以象征理论所建立起来的视觉表达语言对设计有深刻的启发意义。（图 2-15 ~图 2-17）

图 2-15 竹柄鹅绒耳勺

图 2-16 MUJI 2014 厨房电器系列

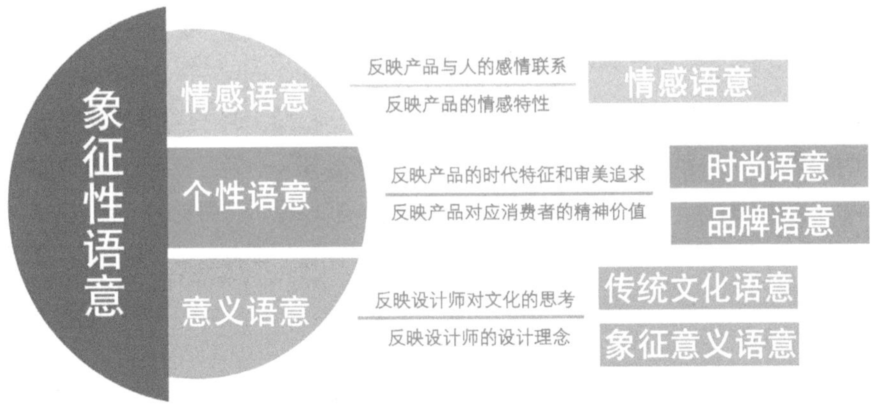

图 2-17 产品象征性语意

产品语意蕴含的象征功能的意义：

※ 它有助于用户理解该产品是哪个时代的，哪个国家的；

※ 它有助于用户理解该产品的社会、文化背景以及所蕴含的情感因素；

※ 它有助于用户理解该产品的社会价值观、文化观等；

※ 它有助于用户理解该产品所属的品牌的识别度；

※ 它使产品变得更加让人愉悦，更有意义。

2.2 产品是如何说话的

设计师带着自己的美好希望与憧憬塑造一个产品，产品用它的语言把设计师的美好愿望传递给用户，用户理解和接收这些信息，这是一次设计师与用户对话，其中物化的产品是这次对话的载体和传声器。（图 2-18）

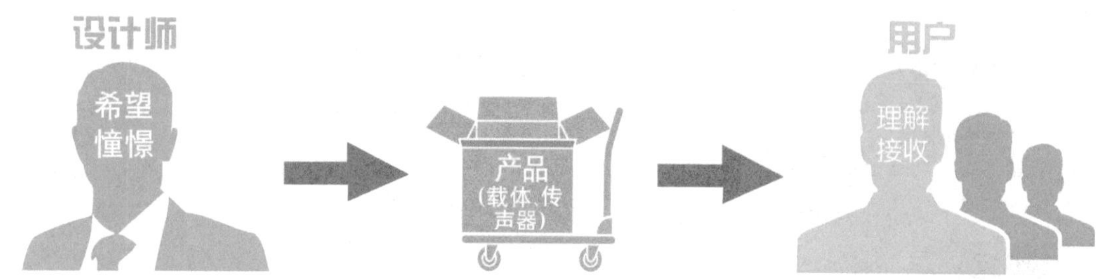

图 2-18 产品是设计师与用户对话的载体和传声器

2.2.1 产品形态语意的传达双方

2.2.1.1 用户

用户具有自己特有的对产品的理解，我们可称之为用户的感知意象模型。用户在认知产品之前，总会在大脑中形成一种期望。每一位用户根据他（或她）过去对这一产品或相关产品的经验（甚至是偏见）会形成目前的产品应该是什么样子的这一思维概念上的模型，比如“它的功能如何”“它的性能怎样”“如何使用”和“个性是不是太张扬”等问题。由于用户的知识背景（包括知识经验、受教育程度和所处环境等）不同，这一感知意象模型也不尽相同。这一模型刚刚开始时不太明确，但随着设计问题的深入，经验的不断增加，用户对产品的认知——即用户的意象模型也不断趋于完善和稳定。当面对产品时，用户通常会在此基础上进行认知匹配，将眼前的产品与先前的感知意象模型进行匹配和评价，并且总是借助一定的意象形容词，比如“漂亮的”“休闲的”和“个性的”等来描述他们的感知。（图 2-19）

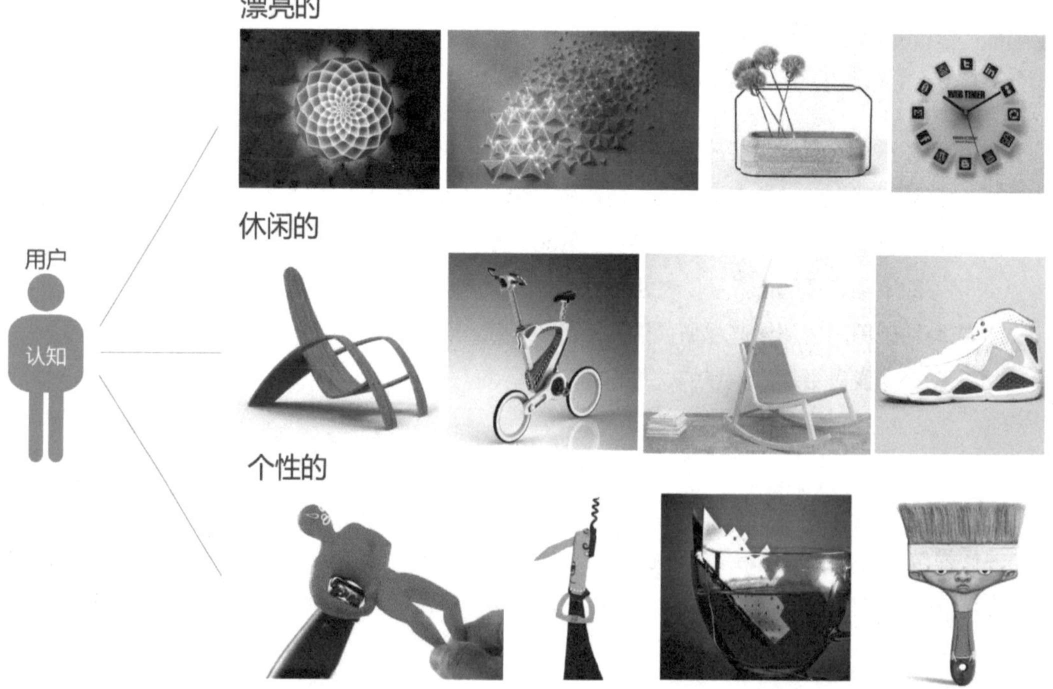

图 2-19 用户对产品的认知

因此，如何抓住用户的感知意象模型，如感觉和情绪，并且能够将这些信息转化为适当的设计元素，运用隐喻和推理的原理传递产品信息，使设计出来的产品尽可能与用户的意象模型相一致的“不出所料”，或者超出其期望，使用户产生“眼睛一亮”的兴奋感觉，是设计师面临的重要课题。

2.2.1.2 设计师

设计师同样也具有自己对产品的理解，也可以称之为设计师的意象模型。设计师结合设计目标（用户需求），将构思转化成产品形式（语意信息），给用户一种引导。在工业设计过程中，图形化信息（概念草图、效果图等）既是交流的媒介，又是用户选择、评价设计质量的工具，是设计师意象模型的显性化。而设计师所拥有却无法轻易描述的意象，如洞察力、灵感、视觉感受（如美感、秩序感）和经验等，尤其是对产品外观美感的创造能力，常常深藏于设计师的个人头脑之中，是设计师的内隐性知识，它们只有通过线条、色彩和体面等视觉符号表达出来后才可以被人们所感知。（图2-20）

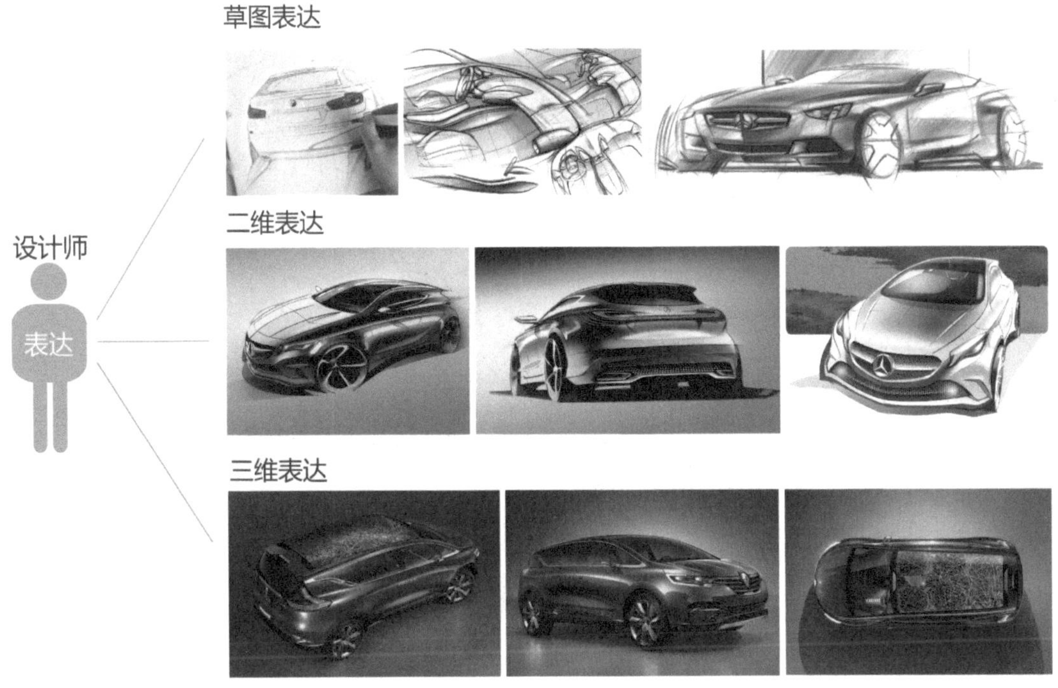

图 2-20 设计师对产品的表达

2.2.2 产品形态语意的传达过程

通过产品，我们可以发现用户的感知意象模型和设计师的意象模型是否匹配。简单地说，在成功的设计中，设计师与用户所理解和思考的内容是接近甚至一致的。产品语意设计即为借助产品的形态，使产品外在形态和视觉要素以语意的方式加以形象化。现代产品的高科技信息含量越来越多，产品的附加值越来越丰富，产品造型需依附于一定的社会文化来引导和表达产品的内涵。这就需要设计师在了解产品新技术的前提下，借用人们的日常生活经验，引入产品语意将其视觉化，把设计信息传达给使用者。根据产品语意传达信息的外延和内涵，我们把产品语意分为指示性语意和象征性语意。（图 2-21）

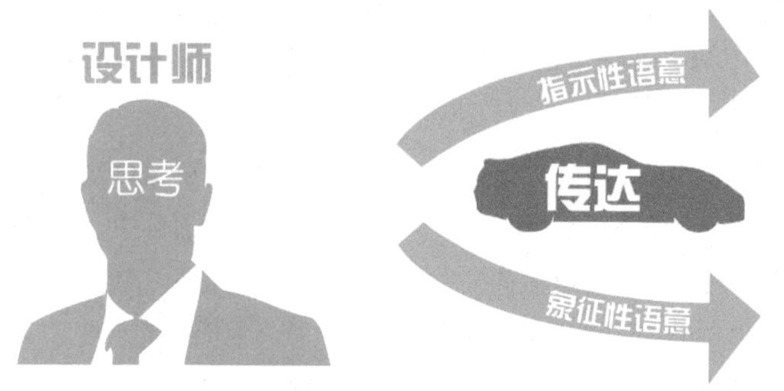

图 2-21 产品形态语意的传达过程

2.2.2.1 指示性语意的传达

产品的功能是指产品能够满足人的某种需要。广义的分析中，实用、象征、审美、表征等都可称为产品的功能。而产品语意研究的是产品的实用功能，即指设计对象的实际用途或使用价值。

在现代工业出现以前，由于技术发展迟缓，产品造型的演变是逐渐的，产品的类型和品种不多，所以人们对辨认一件产品是什么不会感到困难。现代工业出现以后，生产力快速发展，产品类型和品种极大丰富，产品设计与工艺制作过程脱离，造成了产品形式与功能的脱离，人们对新产品辨认出现困难，使用者对产品的操作感到困惑。（图 2-22）

因此，产品要为人们所理解，必须要借助公认的语意符号向人们传达足够的信息，向人们显示它是什么产品，怎样实现它的功能，从而使使用者确定自己的操作行为。根据产品的功能和操作，我们把指示性语意分为功能指示语意和使用指示语意。

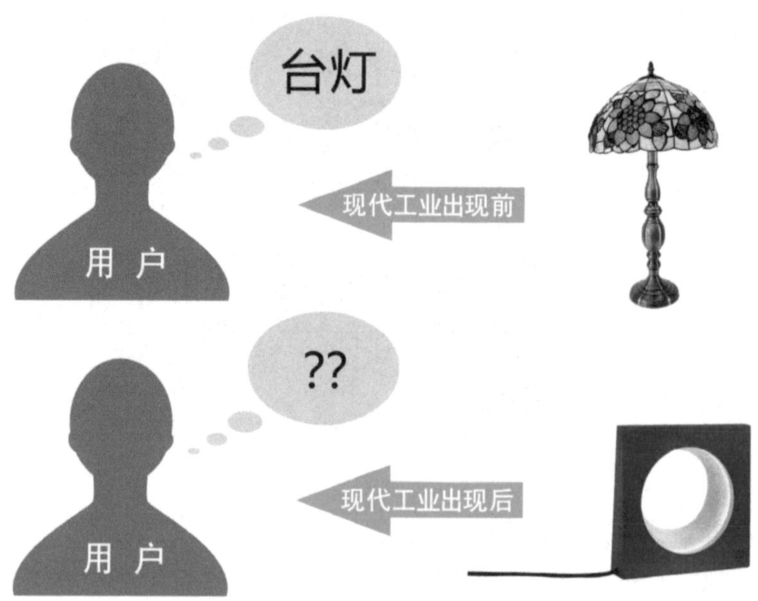

图 2-22 现代工业对产品语意的影响

A. 功能指示语意

产品的存在价值首要的因素在于实用性，功能指示语意塑造所要实现的就是这种实用性内容，并由实用性牵涉到多种功能因素的分析及实现功能的技术方法与材料运用。在产品功能性语意的塑造中，功能指示语意是通过组成产品各部件的结构安排、工作原理、材料选用、技术方法及形态关联等来实现的。（图 2-23）

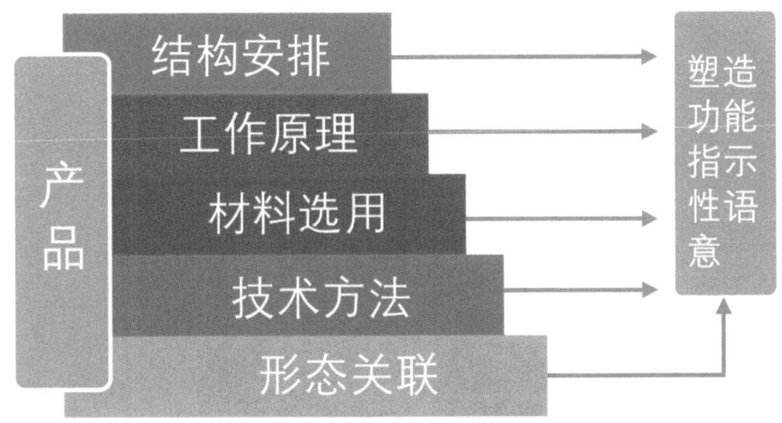

图 2-23 产品功能指示性语意的塑造因素

a. 产品类别语意

产品不需要任何说明，根据产品形态传达这是什么类型的产品。这种语意深入每一位使用者的意识中，是生活经验的积累，是社会的约定俗成。（图 2-24 ~图 2-27）

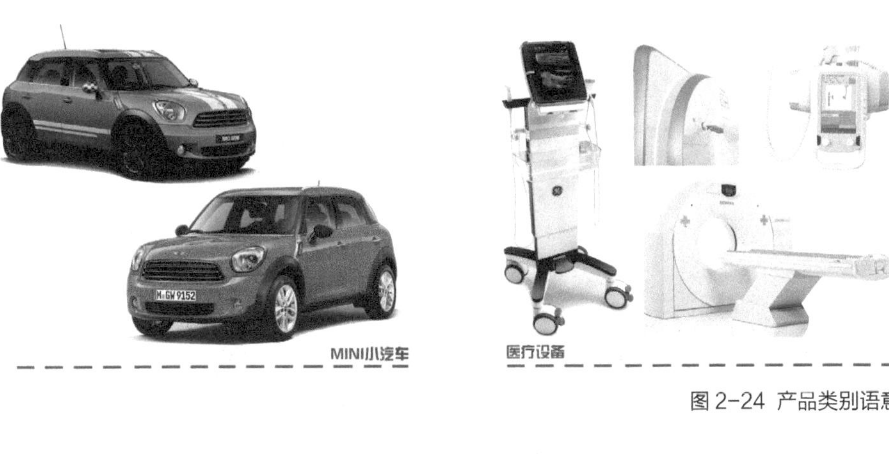

图 2-24 产品类别语意 1

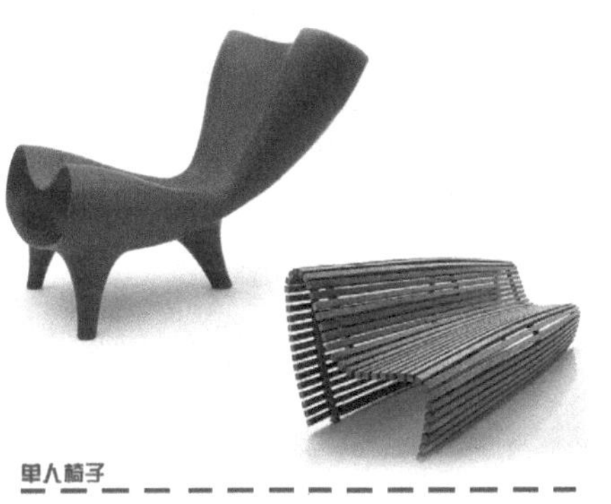

图 2-25 产品类别语意 2

图 2-26 产品类别语意 3

图 2-27 产品类别语意 4

b. 产品功能语意

以产品的形态传达产品的功能，告诉使用者产品的用途和功能。在现实生活中，不同的产品功能有着对应的产品形态，并与之相配合。（图 2-28 ~ 图 2-30）

图 2-28 卡西欧 G-SHOCK 手表

图 2-29 Breville 电动榨汁机

图 2-30 BRAUN 电动剃须刀

功能是产品中普遍而共同的因素，它能使全人类做出同样的反应，可以使设计达到跨国界、跨地域、跨民族、跨文化的认同。此外，产品功能性语意的塑造还应基于对原有功能的再认识，经常不断地把头脑中不成形的印象，直接与现实中的事物保持接触，延展出新的功能组合，进而创造出与新功能相符的新形态，即进行功能语意的创新。只有这样才能推动设计的进步。

c. 产品质料语意

产品是以实体方式存在的，是以不同的材料和不同的加工方式组合而成的。不同的材料有着不同语意内涵。质料语意是人对产品的最基本的感性认识，以物质形态出现，只有依附在产品功能上，它才会有意义。（图 2-31 ~图 2-34）

塑料——和谐、朴实、柔和、艳丽

图 2-31 塑料质料语意

玻璃——整齐、光洁、锋利、晶莹

图 2-32 玻璃质料语意

金属——工业、力量、沉重、精准

图 2-33 金属质料语意

木材——自然、温馨、健康、典雅

图 2-34 木材质料语意

一般说来，传统的自然材质朴实无华却富于细节，它们的亲和力要优于新兴人造材质。新兴的人造材质大多质地均匀，但缺少天然的细节和变化。

B. 使用指示语意的传达

使用指示语意的塑造就是要求产品设计师找到一种能准确传达产品使用的语意符号，来表达产品的操作方式，进而通过这种语意符号达到与使用者在语意学的领域内建立人性的关系，从而引起消费者在使用方式和情感上的共鸣，以达到情感更深层次的沟通和交流。

产品应当使使用者能够自教自学，自然掌握操作方法。使用者通过观察、尝试后就能够正确掌握它的操作过程，学会使用。（图 2-35 ~图 2-38）

图 2-35 SONY 高清摄像机

图 2-36 SONY 数位可录影式望远镜

图 2-37 哈苏 Stellar 数码相机

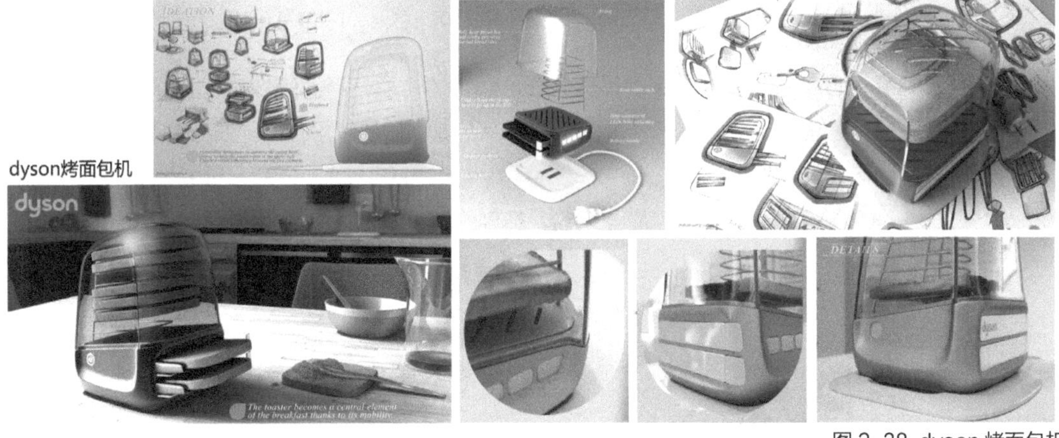

图 2-38 dyson 烤面包机

使用者使用产品时，希望对于每一步的操作，产品都能做出相应的反馈，来判断操作是否正确。图 2-39 中的收音机采用了视觉直接理解的使用语意的方式，适应使用者思维里的操作过程。按键旋钮的操作与屏幕变化相对应，让使用者直接看到每个操作的反馈显示。（图 2-39、图 2-40）

图 2-39 索尼手摇式收音机

图 2-40 博世（BOSCH）电钻

2.2.2.2 象征性语意的传达

人类利用符号进行相互交流，通过产品的外在形态传达信息，产品的外在形态除直接指示它是什么产品，如何操作和使用之外，还可以传达某种信息，说明它意味了什么。生活物质的极大丰富，以致今天的产品，除了应该让使用者明确它的属性、功能、性能之外，还被设计师赋予了内涵丰富的概念。概念——是指产品的意义，你体会到的，想到的和感觉到的。（图 2-41）

图 2-41 产品传达着功能以外的某种信息

产品会向使用者讲述它的故事，讲述某个时代的时尚，某个地域的风俗，某种文化的意境，某个品牌的故事，某些人的感情。使用者会被产品打动从而产生启示、愉悦、感动、共鸣等情感。产品的这些故事其实是对象征语意的一种诠释。可以说，象征语意其实是指示语意在特定情境下的一种延伸，是依时间、环境和使用者的背景而定的。（图 2-42）

alarm Clock

图 2-42 会跑的闹钟

A. 产品语意情感传达

产品具有情感，并不意味着情感来自于产品本身。一方面，设计师自身的审美观点在产品中得以表现；另一方面，大众在面对和使用产品时会产生对美丑的直接反应与喜爱偏好的感受。

在产品设计中情感是设计师——产品——使用者的一种高层次的信息传递过程。在这一过程中，产品扮演了信息载体的角色，它将设计师和使用者紧密地联系在一起。设计师的情感表现在产品中是一种编码的过程；使用者在面对一产品时会产生一些心理上的感受，这是一种解码或者说审美心理感应的过程。最后，设计师从使用者的心理感受中获得一定的线索和启发，并在设计中最大限度地满足使用者的心理需求。通过情感过程，一旦人对产品建立某种“情感联系”，原本没有生命的产品就能够表现人的情趣和感受，变得有生命起来，从而使人对产品产生一种依恋。产品的情感是多种类型的，有拟人的，有拟物的，有具象的，有抽象的，有严肃的，有嬉戏的等。总之，产品情感的目的就是使用者的认同。产品的形式与情感并不是分离的，只有产品的外观和功能同它们唤起的感情结合在一起时，产品才具有审美价值。（图 2-43）

图 2-43 产品语意情感联系着设计师和使用者

情感性语意的塑造是借用具有某种程度的共识的代表性的物来表达的，这种物可以是具象也可以是抽象的，它借用的是物的隐性含义。（图 2-44 ~图 2-53）

运动的感觉：流线的造型，光滑的质感，跳跃丰富的色彩。

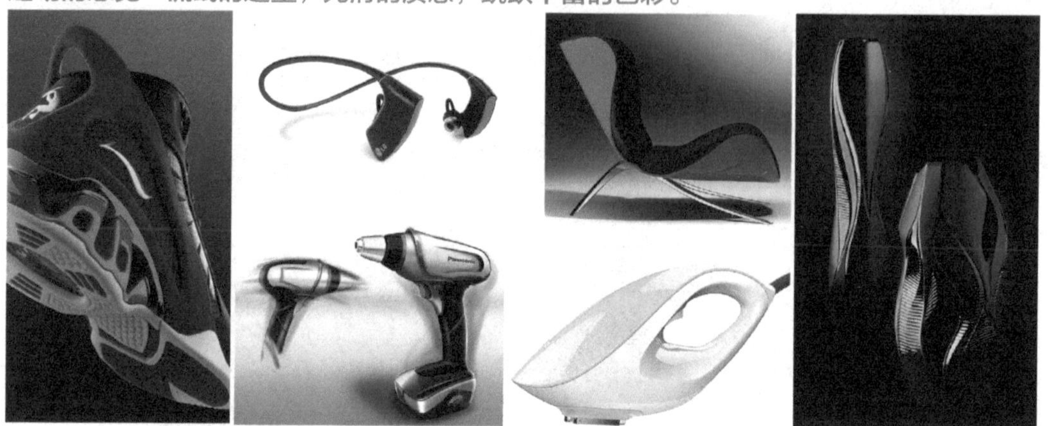

图 2-44 运动的语意

生命的感觉：富有张力的曲线造型，有机形态，跳跃丰富的色彩。

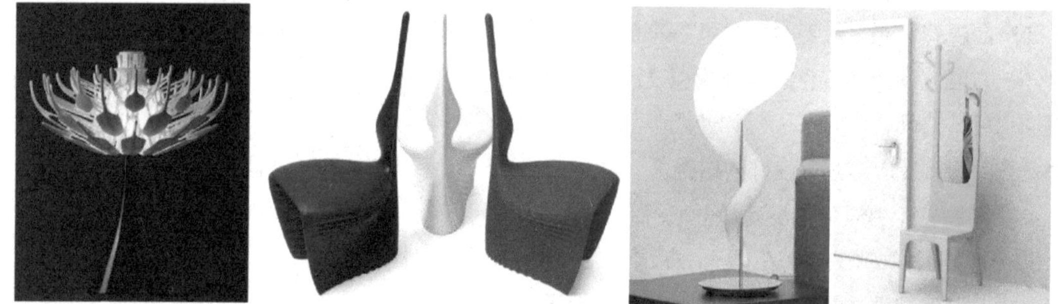

图 2-45 生命的语意

精致的感觉：部件之间的自然过渡，精细的表面处理和肌理，和谐的色彩搭配。

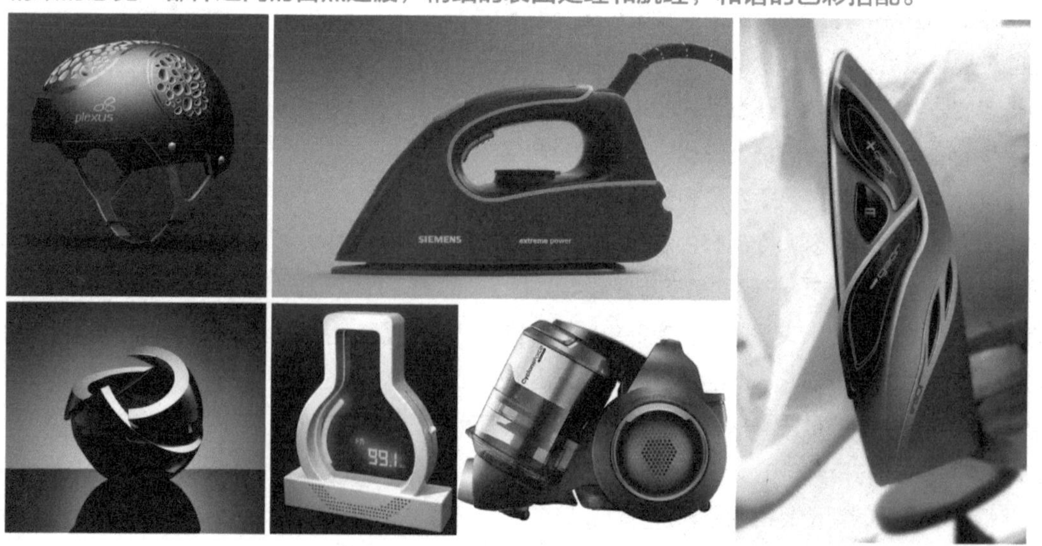

图 2-46 精致的语意

可爱柔和的感觉：柔和的曲线造型，晶莹或毛茸茸的质感，跳跃丰富的颜色。

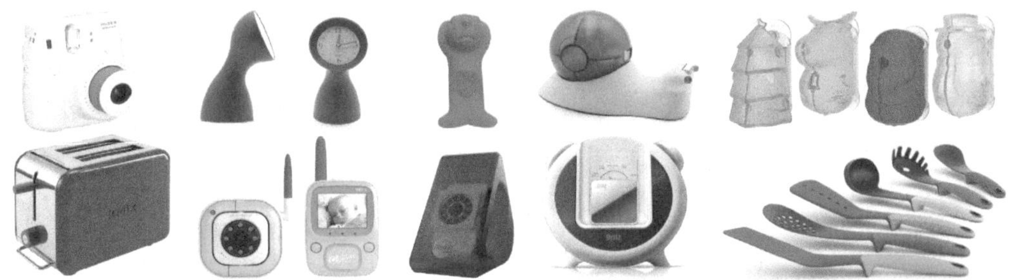

图 2-47 可爱的语意

女性的感觉：柔和的曲线造型，细腻的表面处理，艳丽柔和的色彩。

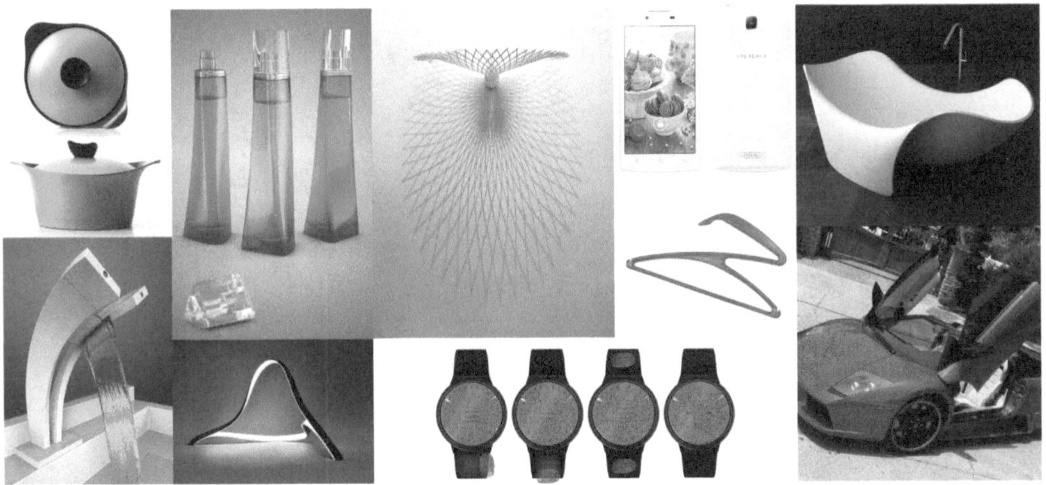

图 2-48 女性的语意

男性的感觉：直线感造型，简洁的表面处理，冷色系色彩。

图 2-49 男性的语意

高科技的感觉：出乎意料的形态变化，新形的材质、颜色。

图 2-50 高科技的语意

安全的感觉：浑然饱满的造型，精细的工艺，单一的色彩及合理的尺寸。

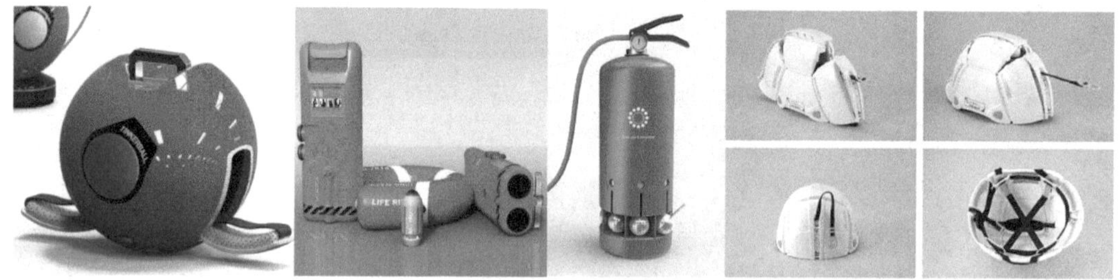

图 2-51 安全的语意

朴素的感觉：形体不做过多的变化，中间色系的色彩。

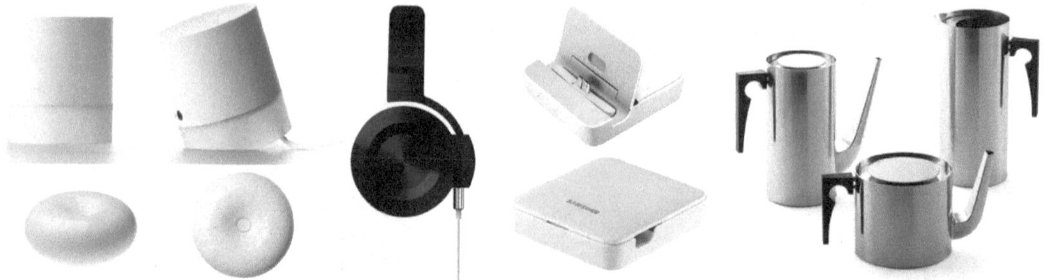

图 2-52 朴素的语意

华丽的感觉：丰富的形态变化、高级的材质、高纯度暖色系为主调，强烈的明度对比。

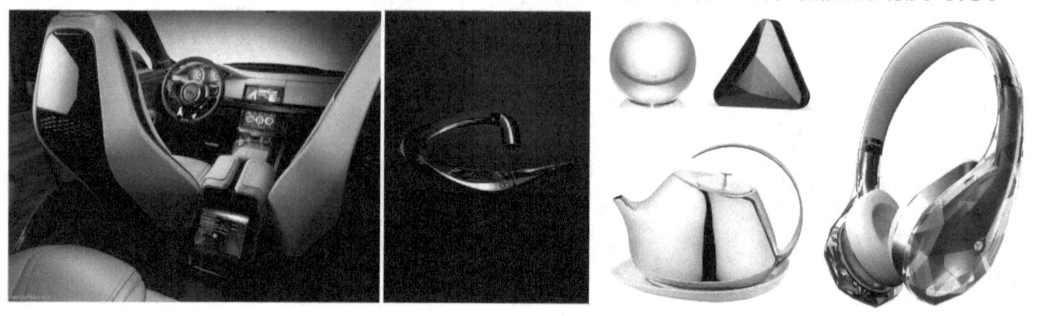

图 2-53 华丽的语意

B. 产品语意个性传达

产品的个性是指产品所自然流露的最具代表性的精神气质，它是产品的人格化表现，具有社会意义。产品的个性语意是根据消费者的需求、心理、使用环境等产生的。产品不同，使用的对象也不同。消费者由于性别、年龄、所受教育程度不一样，其个性心理特征存在差异，对产品的需求也就不同。因此，产品的个性语意的内涵是非常广阔丰富的，主要包括以下几点。

a. 产品流行时尚传达

时尚的解释就是当时的风尚、一时的习尚。“时尚”这个词现在已是很流行的了，英文为 Fashion, 几乎是经常挂在某些人的嘴边，频繁出现在报刊媒体上。追求时尚似已蔚然成风。

时尚就是在特定时段内率先由少数人试验，预认为后来将为社会大众所崇尚和仿效的生活样式。简单地说，顾名思义，时尚就是“时间”与“崇尚”的相加。在这个极简化的意义上，时尚就是短时间里一些人所崇尚的生活。这种时尚涉及生活的各个方面，如衣着打扮、饮食、行为、居住，甚至情感表达与思考方式等。随着社会的发展和人们消费观念的不断变化，时尚潮流也同时在不断转变，消费者在思想、观念、行为、审美等各个方面都呈现出与以往截然不同的面貌。总之，时尚是个包罗万象的概念，它的触角深入生活的方方面面，人们一直对它争论不休。不过一般来说，时尚带给人的是一种愉悦的心情和优雅、纯粹与不凡的感受，赋予人们不同的气质和神韵，能体现不同的生活品位，精致而展露个性。人类对时尚的追求，促进了人类生活更加美好，无论是精神的或是物质的。时尚是与时俱进的，会依据社会的变化而变化。科技的进步，文化的流行，审美的改变等都会导致时尚的变化。（图 2-54）

图 2-54 流行时尚的语意 1

古往今来，人们以不同的形式表达着对于时尚的爱慕之心。随着时代的迁徙和演变，追求时尚逐渐成为社会文化中重要的组成部分。设计师对时尚正确把握有利于设计上的不断创新，创造商业价值和社会价值。因此，可以这样说，时尚可以推动设计创新，反之，设计创新同样可以引导大众趣味，造就时尚。（图 2-55、图 2-56）

图 2-55 流行时尚的语意 2

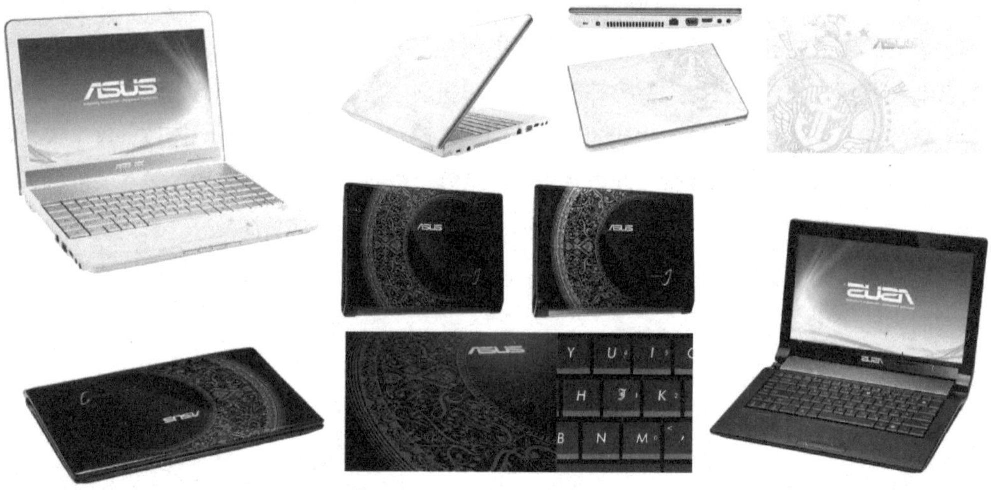

图 2-56 流行时尚的语意 3

流行时尚是社会某个时期人们审美观集中的表现，反映在一些人们感兴趣的事物上，如广告、海报、杂志等媒体，服饰、首饰、箱包等随身物品，数码产品、日用品、家电、车等产品，以及家具、室内装饰、建筑等。图 2-57 中曲线优雅的花纹就是一个流行时尚元素，频繁地出现在我们的四周，产品设计也把这种纹样作为设计的元素，来表达产品价值所在。

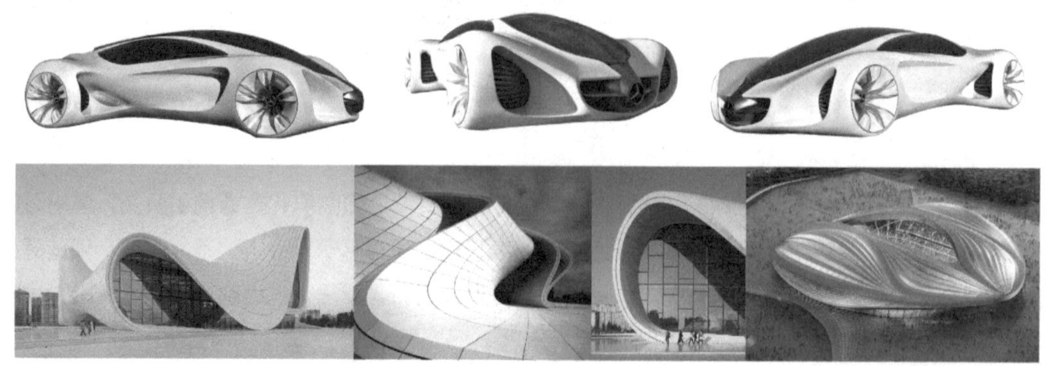

图 2-57 流行时尚的语意 4

b. 产品品牌元素传达

这个世界上的产品中，品牌是一种识别标志，是代表公司和公司产品的符号。品牌成了身份地位的代表和个人喜好、品位的标签。品牌名称是代表一个人对一个产品和生产这个产品的公司的全部感受的符号。产品所表现出来的设计风格、形态、材质等品牌元素符合消费者心中的需求，这就产生了品牌形象，这个形象是产品所对应的群体的精神需要。所以品牌就是满足产品对应的消费者的精神价值的东西。品牌形象是消费者心中一种独具特色的固定形象，可以把消费者与产品拉近或扯远。（图 2-58、图 2-59）

图 2-58 乔纳森特别版莱卡数码相机

图 2-59 华硕 VX7 Lamborghini

人们常习惯于用一些随身物品的品牌来判断人的社会经济地位和审美情趣。所以，设计师在设计过程中往往通过品牌使用者了解品牌形象。“使用者”主要是指产品或服务的消费群体。使用者形象是驱动品牌形象的重要因素，其硬性指标有使用者年龄、职业、收入、受教育程度等，软性指标有生活形态、个性、气质、社会地位等。品牌形象与使用者形象的结合一方面通过“真实自我形象”来实现，即通过使用者内心对自我的认识来实现联想；另一方面是通过“理想自我形象”来联结，即通过使用者对自我期望及期望的形象状态来实现。这两种情况从心理学的角度讲往往是借助了人们对自己的评判，认为自己从属于一个群体或希望从属于一个群体就应该有这样那样的行为。（图 2-60、图 2-61）

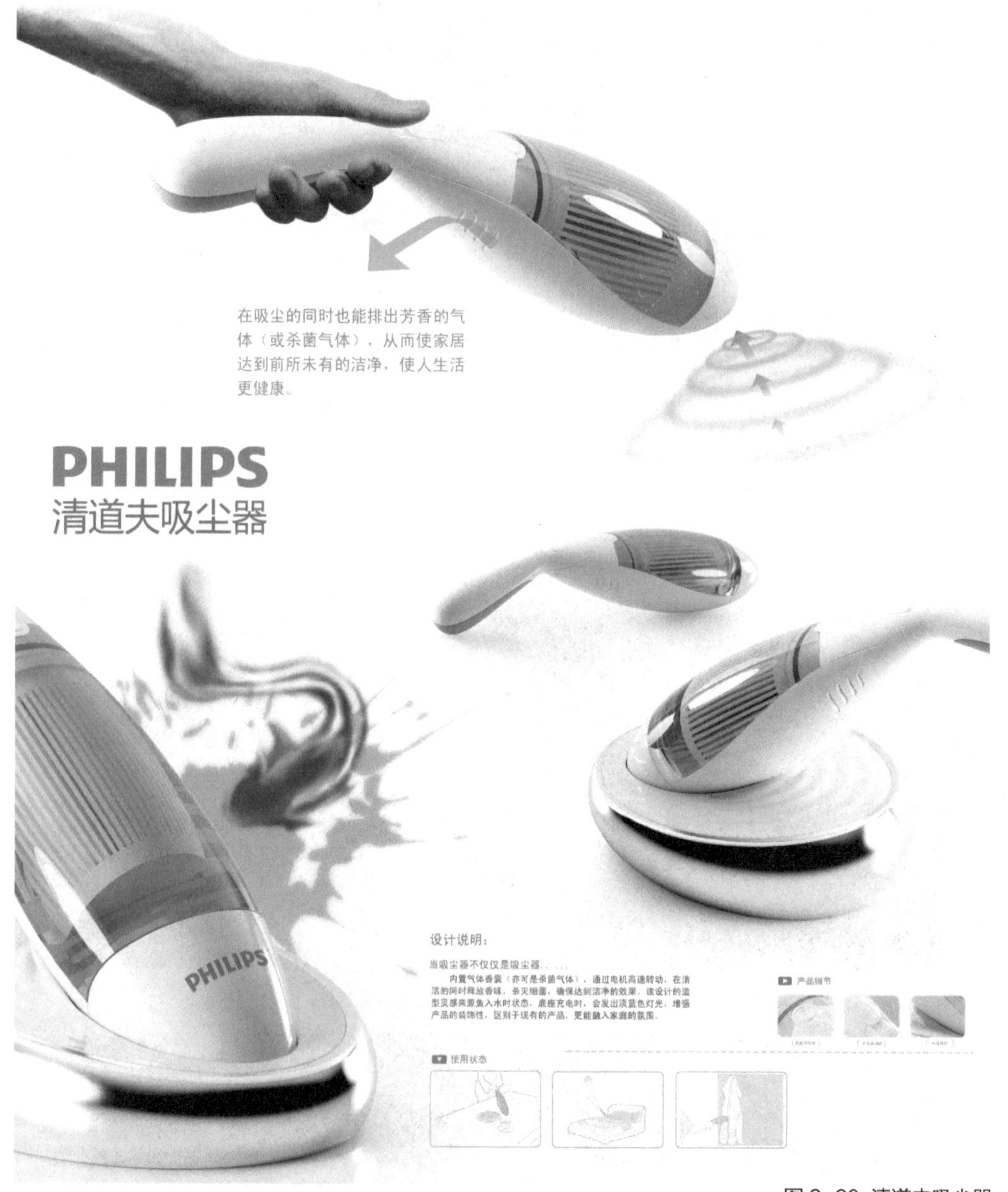

图 2-60 清道夫吸尘器

①

图 2-61 Aigo 数码相机

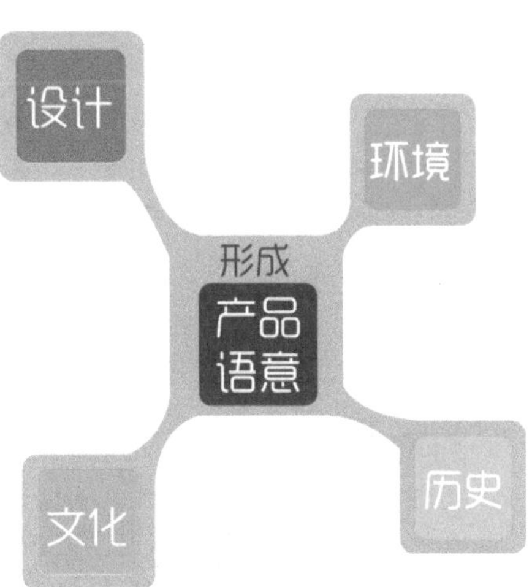

图 2-62 产品语意的形成

C. 产品语意意义传达

语意的形成有的是有意识的，精心设计的，有的则是由环境、历史、文化等附加进去的。这是因为在生产设计制作的过程中，不可避免地要受到周围环境的影响和支配。（图 2-62）

产品语意是通过对设计作品的体验达到对设计背后的自我阐释。从作品的深层次感悟中，观者往往结合自身的经验和背景，从中召唤出特定的情感、文化感受、社会意义、历史文化意义或者仪式、风俗等叙述性深层含义，表现出一种自然、历史、文化的记忆性脉络。其中，观者理解的角度和程度因人而异。（图 2-63）

图 2-63 观者自身条件对产品语意感受的影响

这其中，物品符号会超脱不同的文化背景，具有各地人们相通的情感意义，使人们产生共同的情感体验。产品中特定的语意符号也会使我们的情感回到过去；某种材料的物品也会提醒我们以前的若干往事，成为我们自己的印象延伸；有些物品会因为过去的记忆，使我们会产生强烈的感情。（图 2-64）

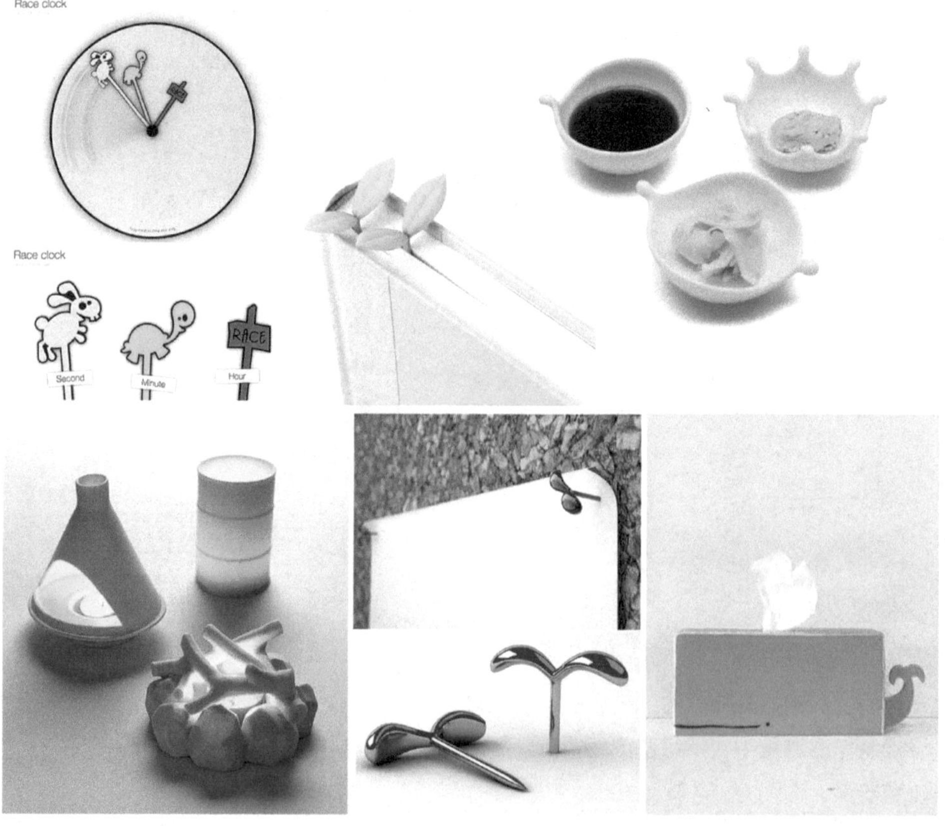

图 2-64 产品符号会使不同用户产生相通的感情

a. 产品语意传统文化意义传达

设计，是文化艺术与科学技术结合的产物，设计是需要不断创新的。创新，对传统文化与设计而言，是融合和共生。

我们所处的是一个高度现代化、信息化的社会，新材料、新技术的不断涌现使我们目不暇接，随之而来的新思想、新观念以及各种艺术思潮的涌入对传统文化艺术带来了前所未有的冲击，现代设计中如何体现传统文化是设计师一直思考的问题。这就需要通过产品特定的文化符号及特定组合，使我们关联到传统，体会记忆中的历史文脉。这就是我们常说“传统和现代”的结合。而有些产品试图通过特定的文化符号及特定组合，唤醒我们记忆中久远的地方文化记忆和思想认同，这是由特定的语意设计达成的信仰、仪式、迷信、吉祥物、特征物等的符号互换，从而建立起地方文化的连续性。此外，产品中的某些特征符号又会与某些特定的社会现象、故事、责任或理想发生内在的关联，引发观者有关社会意义的深刻思考。（图 2-65）

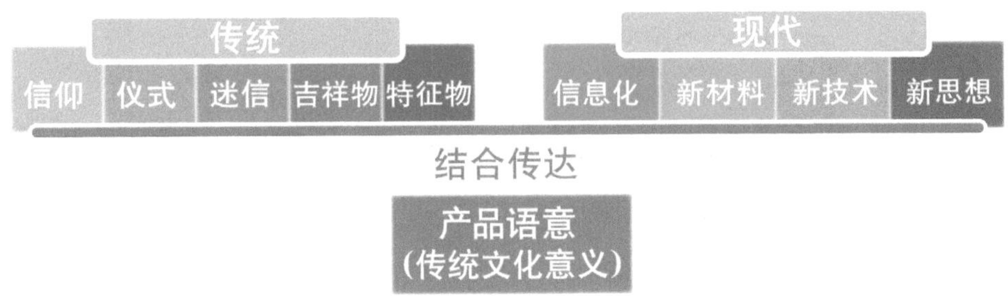

图 2-65 产品语意的传统与现代的结合

每一种文化在造型方面的外部特征，都有代表性的符号体现。这种符号来自历史、地域、人种、习性等诸多领域。或者说每一个民族对造型形式符号的选择，都有其民族、文化、历史、习俗等因素的渊源。在这里符号有超出实用功能和可识别性以外的种种意蕴和文化内涵，包含了其背后的生产方式、生活方式，以及对自然、对人类社会的理解和态度，是整个时代、历史的缩影，是当时文明的见证。（图

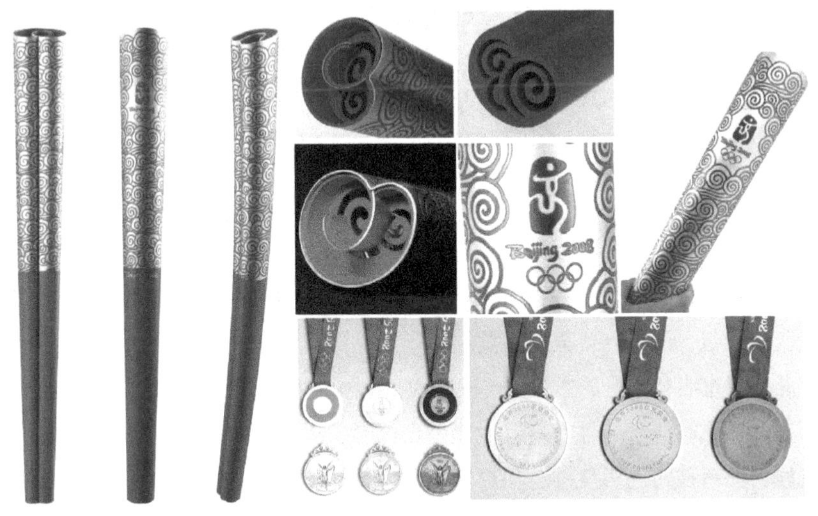

图 2-66 2008 北京奥运火炬与奖牌

2-66）

b. 产品语意象征意义传达

象征，是艺术创作的基本艺术手法之一，指借助于某一具体事物的外在特征，寄寓设计师某种深邃的思想，或表达某种富有特殊意义的事理的设计手法。象征的本体意义和象征意义之间本没有必然的联系，但通过设计师对本体事物特征的符号化，会使观者产生由此及彼的联想，从而领悟到设计师所要表达的含义。另外，根据传统习惯和一定的社会习俗，选择人民群众熟知的象征物作为本体，也可表达一种特定的意蕴。如红色象征喜庆、白色象征哀悼、喜鹊象征吉祥、乌鸦象征厄运、鸽子象征和平、鸳鸯象征爱情等。运用象征这种艺术手法，可使抽象的概念具体化、形象化，可使复杂深刻的事理浅显化、单一化，还可以延伸描写的内蕴、创造一种艺术意境，以引起人们的联想，增强设计的表现力和艺术效果。象征可分为隐喻性象征和暗示性象征两种。象征不同于比喻，它比

图 2-67 明式家具

一般比喻所概括的内容更为深广。（图 2-67）

形式是表象，内涵才是精髓。我国古代的阴阳学说把世间万物分为阴阳两极。阳代表刚、男性和创造力，是天的象征，而阴则代表柔、女性和平静，象征着地，它所追求的是阴阳两极的平衡。明式圈椅采用曲线和直线相结合的方法，一般来说，直线尤其是垂直线体现出健拔刚劲的男性性格，而曲线则体现出柔和优雅的女性性格，这种造型正体现了阴阳互依学说。明式家具注重委婉含蓄，干净简朴之曲线，具有独特的气度神韵和高雅格调，体现了虚无空灵的禅意，在线条背后寓有高妙

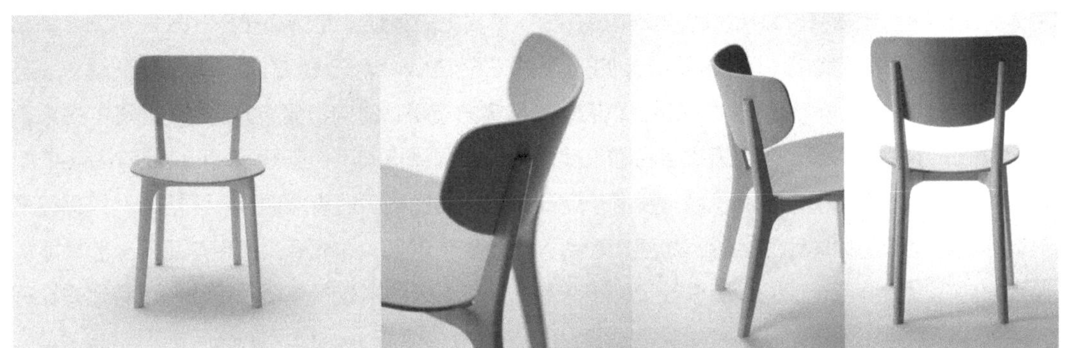

图 2-68 深泽直人设计的椅子

图 2-69 “上上”荷塘月色香炉

图 2-70 田中美佐设计的陶瓷——宁静的天空

的境界，是中国古代以道家为代表的人文思想在古典家具上的体现。（图 2-68 ~图 2-70）

深泽直人为无印良品（MUJI）设计的挂壁式 CD Player，已经成为一个经典。这款 CD Player 只需轻拉电源线就可启动或停止，以旧时通风扇的造型，建构物品与人们之间熟悉的关系，产生出直觉式的使用方式。作为日本著名的工业设计师，深泽直人不但延续了“less is more”的现代精神，在他的作品中你还能找到一种属于亚洲人的宁静优雅。他喜欢放弃一切矫饰，只保留事物最基本的元素。这种单纯的美感，却更加吸引人。他主张用最少的元素来展现产品的全部功能。这些大部分由黑白两色组成的极简设计，仍十分美丽。吸引人的不仅仅是他的设计，还有他设计背

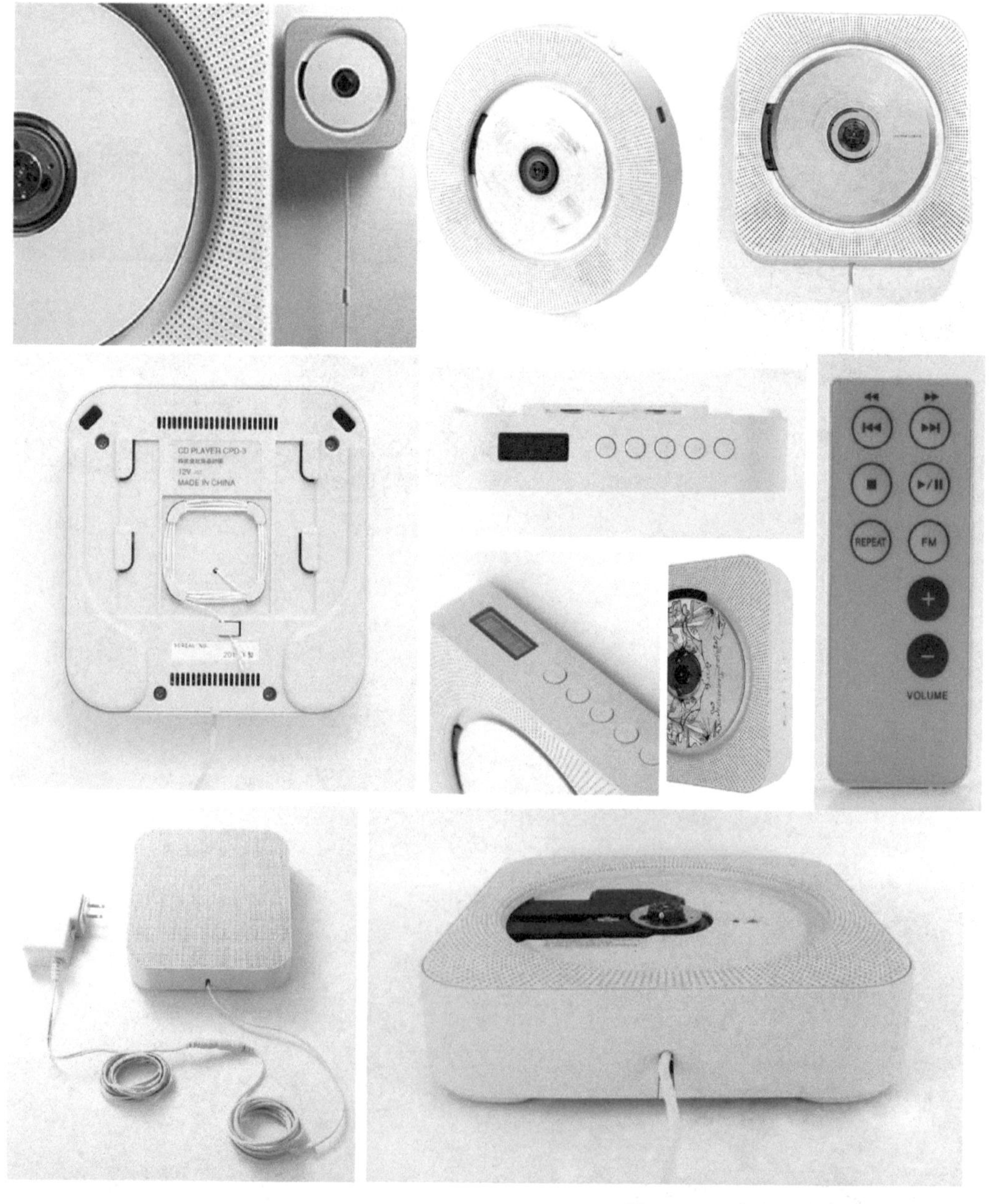

图 2-71 无印良品挂壁式 CD Player

后所代表的态度。你可以将这种态度理解为禅、回归朴质生活、自然的呼吸、简单的生活。(图2–71)

2.2.3 产品形态语意传达的方法

2.2.3.1 产品形态语意的认知

认知是指人们获得知识或应用知识的过程，或信息加工的过程，这是人最基本的心理过程，它包括感觉、知觉、记忆、想象、思维和语言等。认知是一种复杂的过程，通过这个过程，人们对感官的刺激加以挑选、组合，产生注意、记忆、理解及思考等心理活动，并给予解释成为一种有意义和连贯的图像。人脑接受外界输入的信息，经过头脑的加工处理，转换成内在的心理活动，再进而支配人的行为，这个过程就是信息加工的过程，也就是认知过程。(图2–72)

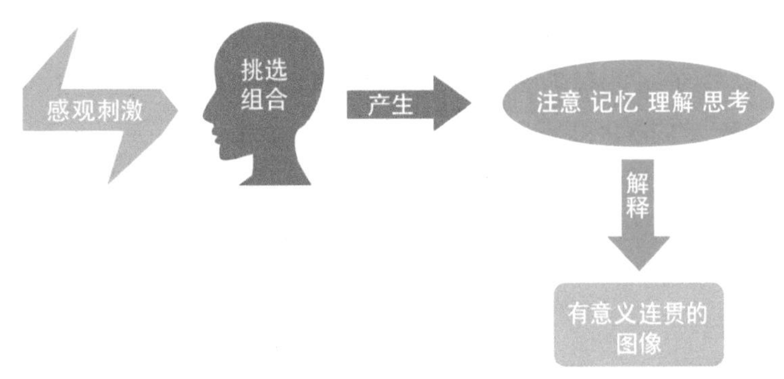

图2–72 人的认知过程

产品的认知行为之所以会发生，是因为在产品获得可以满足人的某种物质需要的实用功能的同时，这种功能会在人的头脑中与产品的形式联系在一起，逐渐建构成一种模式。这种模式通过社会的文化机制传承下来，就成为人们识别、使用和创造与此相类似的新的产品的内在尺度。产品的语意认知是指对产品形态语意的领会和掌握，是以理解为核心的形态破译过程。在认知过程中，通过产品造型符号对使用者的刺激，激发其与自身以往的生活经验或行为体会相关的某种联系，使产品被识别并做出相应的反应。(图2–73)

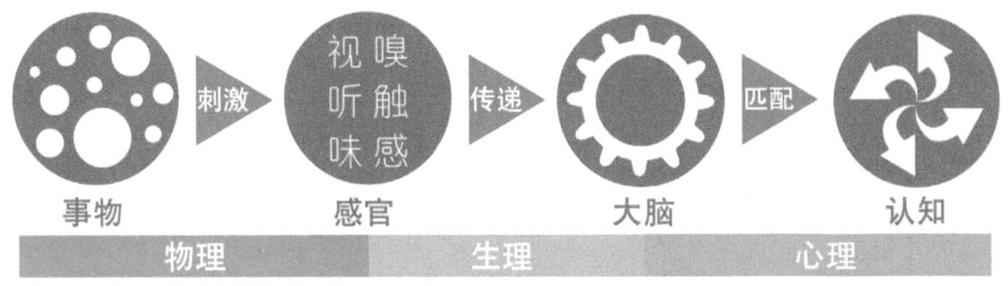

图2–73 产品形态语意的认知过程

当新的认知活动开始的时候，新的事物首先通过其外在形式刺激人的感觉器官，传递给大脑，形成一个映像模式，然后大脑再将这个映像模式与其已有的模式相匹配，如果匹配成功就会被认知。

2.2.3.2 编码和解码

符号信息的发送与接收，即“编码”与“解码”，是传播的过程中最重要的环节。产品语意学基于符号学，产品自身亦构成一个完整的符号系统，产品即是传递信息、表达意义的符号载体。因而，产品语意学要解决的问题就是“编码”与“解码”。

编码是用一串特定的符号来表达将要识别的信息，而解码正是相对应的一个信息还原的过程，就是从表达到理解的过程，也是运用符号传达讯息的过程。发讯者把讯息符号化，以符号的形式呈现给受讯者，这个过程就是编码。设计师根据表达创意的需要，对图形符号进行挑选、组合和创造。一定的符号与一定的讯息相联系，编码的规则是某个区域的人们在某个时代约定俗成的，一般来说不能随意改变。编码规则具有民族约定性、行业约定性、地域约定性和时代约定性。

设计师作为发讯方，对产品信息加以综合处理，转化为符号语感，并以产品形态的方式赋予产品之中，其设计过程为“编码”过程。使用者作为收讯方，在使用产品过程中，将凝结于产品中的符号还原为信息，并用于指导其对产品的正确认识和使用，这个过程称为“解码”过程。

与编码的过程正好相反，解码是收讯者把符号形式还原为讯息的过程。收讯者需根据符号形式进行一定的联想和推理，从而做出符号解释。由于符号形体与符号解释之间的意指方式得到收讯者的想象与推理，并且收讯者的心理结构千差万别，不同地理区域、不同历史阶段的人群，他们对待事物的立场、观点、信仰与价值标准都有明显的差异。因此，对于符号的解码会有几种情形产生，最佳状态是双方对讯息的理解完全相同。但除此之外，也会产生多解、曲解甚至误解或是完全的不

图 2-74 产品的编码与解码

理解。（图 2-74）

编码到解码的过程是在一定的符号情境中进行的。符号情境（Sign Situation）具体是指交际过程中符号使用者之间应用符号传达思想感情的具体环境，人们通常叫它“语境”。符号情境包括一切影响符号使用的主客观因素，如时间、场所、个性、心理等。（图 2-75）

图 2-75 符号情景中的编码与解码

设计师在运用符号时，要充分考虑到不同的符号情境要素，设计要有针对性。设计师（发讯者）按照一定的规则（代码）运用适当的符号将创意（传达内容）表达出来（符号化），受众（收讯者）根据以往经验、喜好、知识背景、文化背景及时代背景等对讯息做出解释（解译），这一过程是在一定语境内完成的，只有双方在文化、知识背景和审美情趣等方面的标准一致，才能保证讯息被畅通无阻地传达。（图 2-76）

图 2-76 符号的发射与接收

■ 课堂作业

讨论：

1. 产品语意与产品形态的关系是什么?
2. 语意传达何种产品信息?

■ 思考题

1. 产品形态是由什么构成的?
2. 编码与解码在产品信息传达中是如何实现的?
3. 产品设计中指示性语意如何体现？
4. 产品设计中象征性语意如何体现？

■ 实训项目

项目一：分析产品语意传达的信息。

实训目的：

1. 掌握产品语意的内涵和外延；
2. 掌握产品语意的分类。

实训器材：纸张、数码相机、电脑及常用的软件等。

实训指导：

1. 选择同一类型产品，通过拍照和记录对其进行产品语意分析；
2. 以小组为单位分工合作完成，现场发布调查分析报告。

实训成果：课程结束后，每组学生提交一份产品语意传达调查分析报告（电子文档）。

项目二：数码产品的产品语意设计。

实训目的：

1. 掌握产品形态与语意的关系；
2. 掌握指示性语意和品牌语意的表现。

实训器材：纸张、数码相机、电脑及常用的软件等。

实训指导：

1. 选择一类型数码产品，分析其品牌元素和语意提炼；
2. 个人独立完成作业，教师现场给予指导。

实训成果：课程结束后，学生提交一份数码产品设计方案（电子文档）。

■ 课外练习

1. 通过互联网收集产品，并按语意类别进行分类。
2. 通过互联网收集有关现代和传统文化结合的产品，并分析其形态与语意。

3 实践篇

知识目标

- 了解产品形态语意的设计原则，掌握不同功能特征的形态语意。
- 了解产品语意设计程序，掌握三个阶段的不同特点和要求。

能力目标

- 熟练掌握语意设计的原则，灵活运用语意的知识进行产品设计。

3.1 设计师如何让产品说话

产品“会说话”的功能是设计师赋予的，那设计师又是如何逐步将产品塑造成为一个个鲜活的生命体呢，我们可以通过产品语意的设计程序来进行了解。

产品语意学应当以人的操作行为为出发点，以人对产品的理解为出发点，即是“以人为本”，使用户通过外形理解产品的功能。它强调文化的作用，强调用户的思维方式和习惯行为方式对产品设计的重要作用。

将产品语意的内容分析与现代设计程序相结合，可以构造一个基于产品语意学的设计程序。首先，通过用户研究、背景分析和对产品的语意理解，可以发掘出产品独特的语意内容并加以深入研究，然后整合这些特色内容并加以强化，最后将那些需要赋予意义的设计内容加以发展。这个程序可以划分为研究阶段、整合阶段、设计阶段等三个阶段（图 3-1），设计团队通过在“质”与“量”上对每一演化阶段的意义进行较准确地把握，可以将抽象、模糊的设计意象转化为明确具体的产品形象。

产品定位 → **语意定位**	用户研究、背景分析阶段
寻找语意形态概念	语意分析、语意整合阶段
语意的形态确定与形态设计	语意提炼、设计展延阶段

图 3-1 产品语意设计流程

任何设计理论的学习都需要在实践中融会贯通，下面我们将以广东轻工职业技术学院产品造型设计专业和广州沅子设计有限公司合作开发的“儿童智能故事机设计”项目为例对产品语意设计程序的三个阶段进行展开说明。

实训项目：儿童智能故事机设计

设计者：广东轻工职业技术学院产品造型设计专业大三学生

指导教师：陈炬、伏波

项目来源：广州沅子设计有限公司

背景资料：发展快速的高科技不仅围绕在成人身边，也开始服务于儿童，通过不同的技术，激发儿童各方面潜能。小朋友最喜欢听故事，这时候儿童故事机就应运而生了。它们代替家长，讲故事给儿童听，在不断改进下，故事机越来越趋于智能化。

使用人群：智能故事机主要面向 0 ~ 8 岁的儿童，没有性别限制，陪伴儿童为主，通过播放故事和歌曲激发儿童大脑发育。

使用环境：使用环境为儿童可以到达的所有环境，包括家庭、游乐场和幼儿园等。

设计要求：

A 按键（功能区）

a. 开关机键

b. 音量加键

c. 音量减键

d. 播放键（按一次播放、按第二次暂停）

e. 上一首键

f. 下一首键

g. 录音复读键（按下复读上一句语音， 只能适用于某些类别，长按 2.5 秒后提示开始录音，再次按下停止录音，每次录音都可以储存为 1 个 mp3 格式文件，可以通过播放键和上下键切换试听）

h. mp3/ 我的故事盒（启动后播放内置的 mp3 格式文件，可以通过功能控制播放）

B 按键（类别区）

a. 故事（按一次）

b. 童谣儿歌（按一次进入中文类儿歌板块、按二次进入英文类儿歌板块，进入后可以通过功能区控制播放）

c. 知识（进入后可以通过功能区控制播放）

d. 国学（按一次进入唐诗板块、按二次进入三字经板块、按三次进入成语板块、按四次进入弟子规板块，进入后可以通过功能区控制播放）

e. 英文（进入后可以通过功能区控制播放）

f. 催眠曲（进入后可以通过功能区控制播放）

C 标准件

a. 采用内置可充铝电或干电池（四块）供电

b. 支持 USB 数据传输

c. 内置 1G 内存，可插卡扩充

d. 附带 USB 数据线、充电器

e. 用一至两个喇叭：直径 28 ~ 50mm、厚度 10 ~ 25mm

f. PCB 面积在 70mm × 30mm（可调整）

3.1.1 第一阶段——用户研究、背景分析

在这一阶段，设计师应该做的事情：

a. 确定用户研究目标群，设计团队通过用户研究寻找设计机会，并寻求对那些影响真实环境的设计内容的理解。

b. 通过“Body Storm”观察法，深度访谈等方法，针对具体产品的使用过程和使用环境，了解用户的背景资料与其个人的行为方式，生活方式思维方式之间的联系，寻求用户对产品的操作使用经验知识、典型的行为、动作态度、观念与产品之间的联系。例如，用户使用手机时，怎样打开和关闭？怎样拨打和接听？怎样收发短信？怎样存储信息、上网、拍摄等，进而理解产品语意的操作内容、社会语言内容。

c. 通过实地考察了解产品被使用时的环境及情形，以理解产品发挥作用的来龙去脉，寻求意义的变化。在“视觉日记”中发现一些特点、亮点和差异点，作为产品语意分析的有效补充，是设计时的主要依据。设计团队将不同层次的数据、信息、知识等转换为不同的理解：从二手资料中抽象生成意义，从用户研究中看到产品与产品、产品与人、人与人之间的关系，从用户体验和交互行为中捕捉形象。（图 3-2）

用户研究、背景分析阶段

语意定位 ——> 准确描述消费者

语意描述：

指通过对用户的分析后，用一定的描述方法（文或图）描述出该形态最典型的特点。这种描述要达到以下几个要求才能对产品设计产生指导意义：

1. 描述语言是明确并且具有感情指向
2. 描述语言应代表产品最典型的特征
3. 描述语言应表现最有代表性的价值观
4. 该特征影响到人们对产品的选择

描述语言

土气	洋气
都市化	乡村化
低档	高档
质朴	华贵
女性化	男性化
柔和	生硬
儿童化	成人化
亲切	冷漠
笨重	轻巧
严肃	活泼
老气	新潮
…	…

图 3-2 产品语意设计第一阶段分析

在广州沅子设计有限公司的“儿童智能故事机设计”项目的第一阶段里，按照产品语意设计程序的指引，广东轻工职业技术学院产品造型设计专业的大三学生站在用户的角度思考与观察问题，并对使用人群、市场、产品造型、色彩、材料、相关信息进行了收集与分析处理。（图 3-3 ~图 3-6）

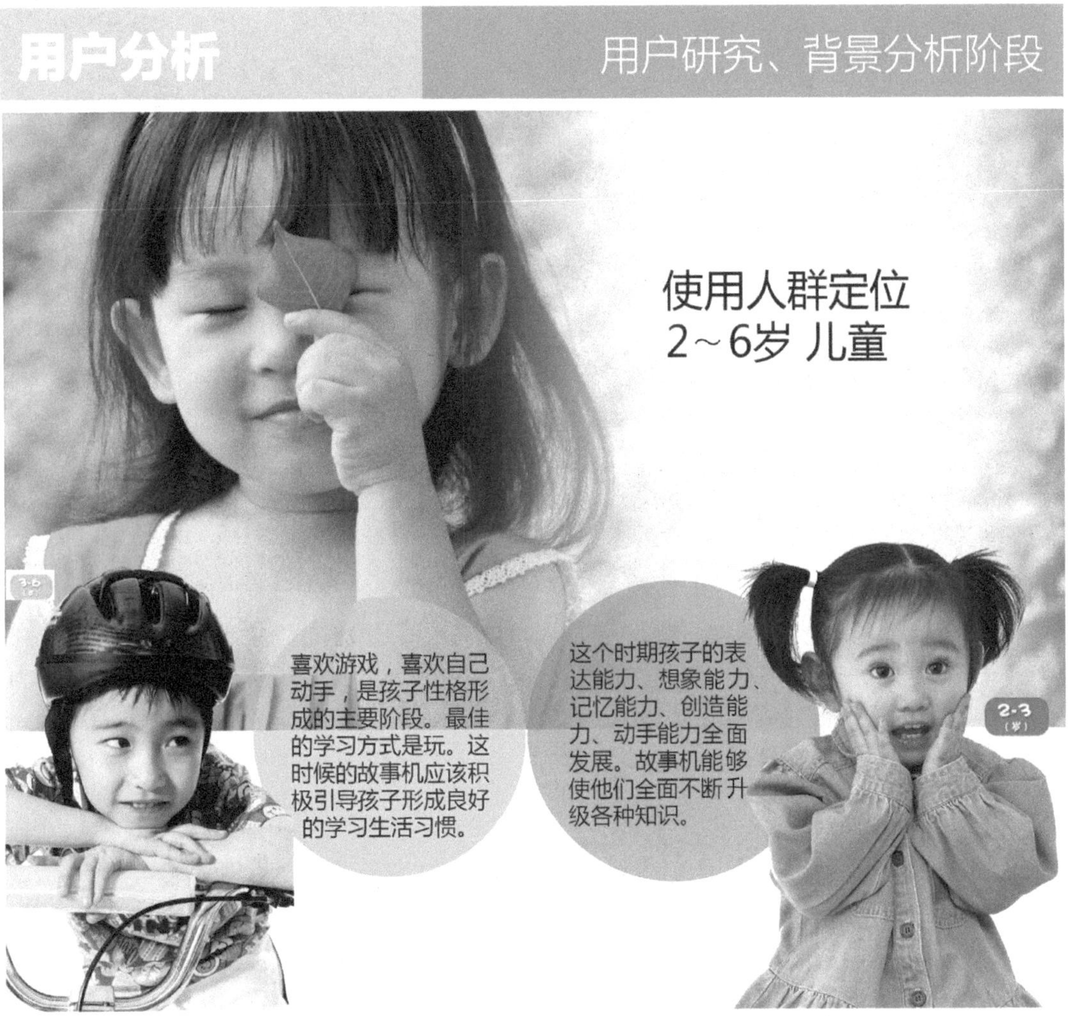

用户分析　用户研究、背景分析阶段

使用人群定位
2~6岁 儿童

3-6（岁）

喜欢游戏，喜欢自己动手，是孩子性格形成的主要阶段。最佳的学习方式是玩。这时候的故事机应该积极引导孩子形成良好的学习生活习惯。

2-3（岁）

这个时期孩子的表达能力、想象能力、记忆能力、创造能力、动手能力全面发展。故事机能够使他们全面不断升级各种知识。

图 3-3 “智能故事机”用户分析

使用环境分析　用户研究、背景分析阶段

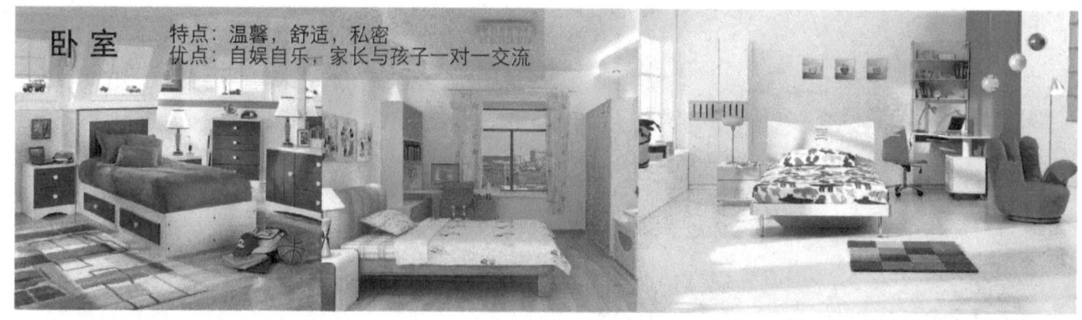

图 3-4 “智能故事机”使用环境分析

现有产品分析 用户研究、背景分析阶段

材料分析：市场上的故事机主要有ABS塑料和毛绒两种材质，ABS塑料具有环保、无毒、无味、结实耐用等优点，毛绒具有环保、手感好、质感优等特点。

表情分析：天然呆，天然萌这类表情很受儿童的喜爱，市场上的大多产品也都是这类表情。

色彩分析：现有的产品大多采用暖色和明亮的色调为主，可以带给儿童愉悦、温馨的使用感受。
造型分析：主要以一些小动物为主，造型憨厚，线条圆润，可爱的小动物造型可以更容易让儿童接受和亲近，更有亲和力。

图 3-5 “智能故事机”现有产品分析

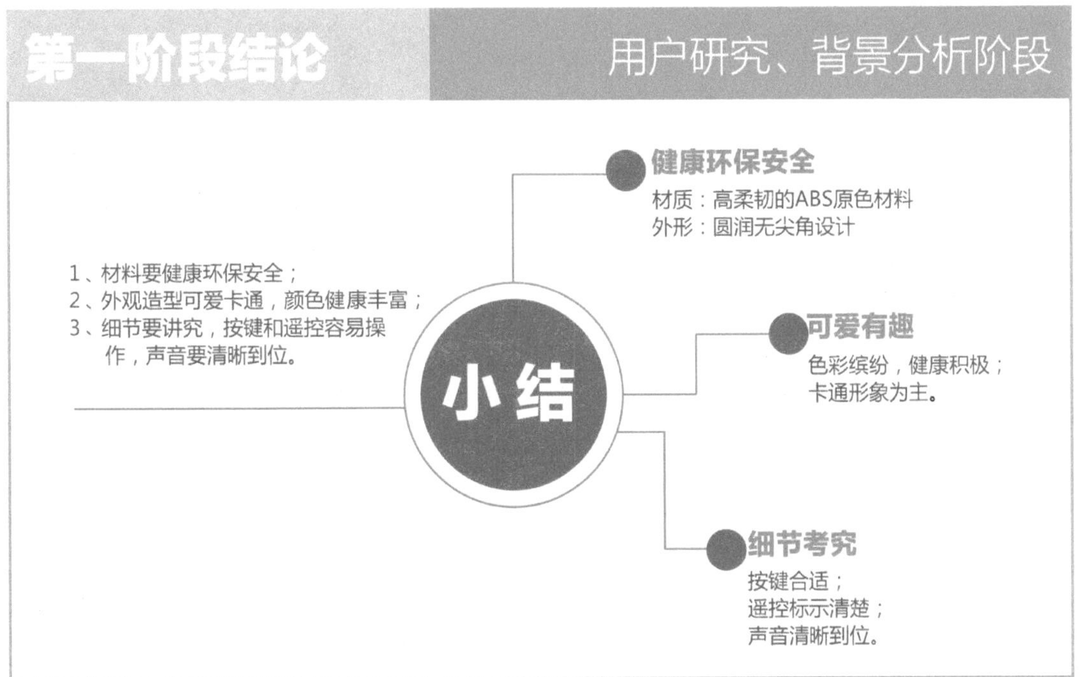

图 3-6 “智能故事机设计”第一阶段结论

3.1.2 第二阶段——语意分析、语意整合

在这个阶段，设计团队将研究阶段所获取的知识转化为设计概念。在前期全面充分有效地调查研究后，针对典型用户模型，详细描述生活情景，并将生活情景划分为若干个使用情景，分析使用情景出现的频次和重要程度，据此深入理解目标市场中的代表性人群，尤其是其生活方式、生活体验和使用方式，从而确定产品的外观、感觉、功能和使用目的，可以了解他们本质上如何认识他们周围的世界，他们最新关注的焦点以及他们所抛弃的东西，从而获取产品语意的可能来源。生活场景中的每一个情景、每一组关联，都是一次语意的发生机会。设计团队通过时间、空间、关系、程度等原则理解、比较、评估这些语意的发生点，并加以整合，从而创造出最终设计成果的一个模糊的意义。（图 3-7）

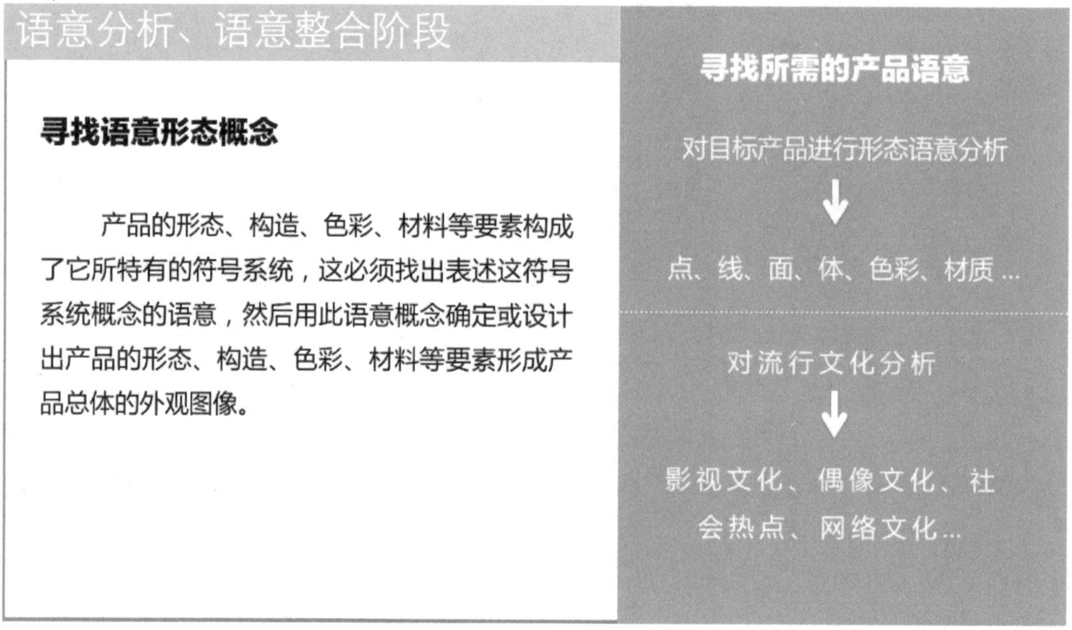

语意分析、语意整合阶段

寻找语意形态概念

产品的形态、构造、色彩、材料等要素构成了它所特有的符号系统，这必须找出表述这符号系统概念的语意，然后用此语意概念确定或设计出产品的形态、构造、色彩、材料等要素形成产品总体的外观图像。

寻找所需的产品语意

对目标产品进行形态语意分析

↓

点、线、面、体、色彩、材质...

对流行文化分析

↓

影视文化、偶像文化、社会热点、网络文化...

图 3-7 产品语意设计第二阶段分析

再来看广州沅子设计有限公司的“儿童智能故事机设计”项目的第二阶段，根据产品语意设计程序，广东轻工职业技术学院产品造型设计专业的大三学生开始运用语意的相关知识对产品进行分析与整合，在这个过程中，学生采用头脑风暴和思维导图的方法对儿童智能故事机进行了设计概念的梳理，使产品语意逐步清晰。（图 3-8 ~图 3-12）

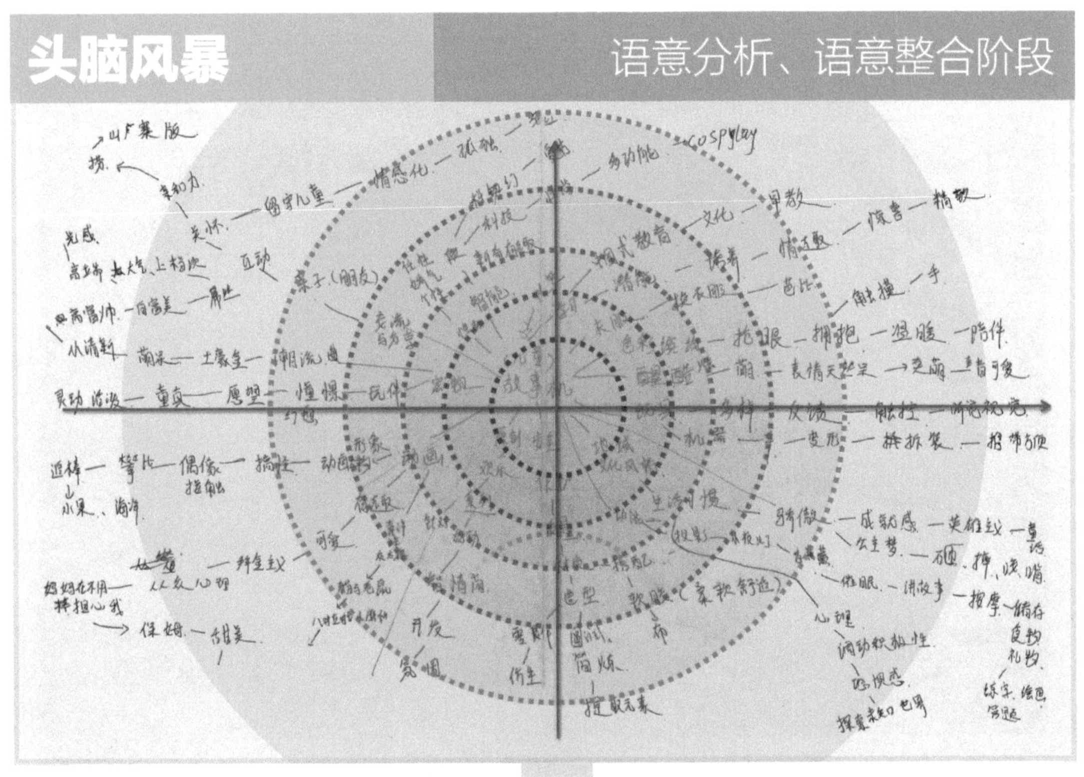

图 3-8 对“智能故事机”进行头脑风暴

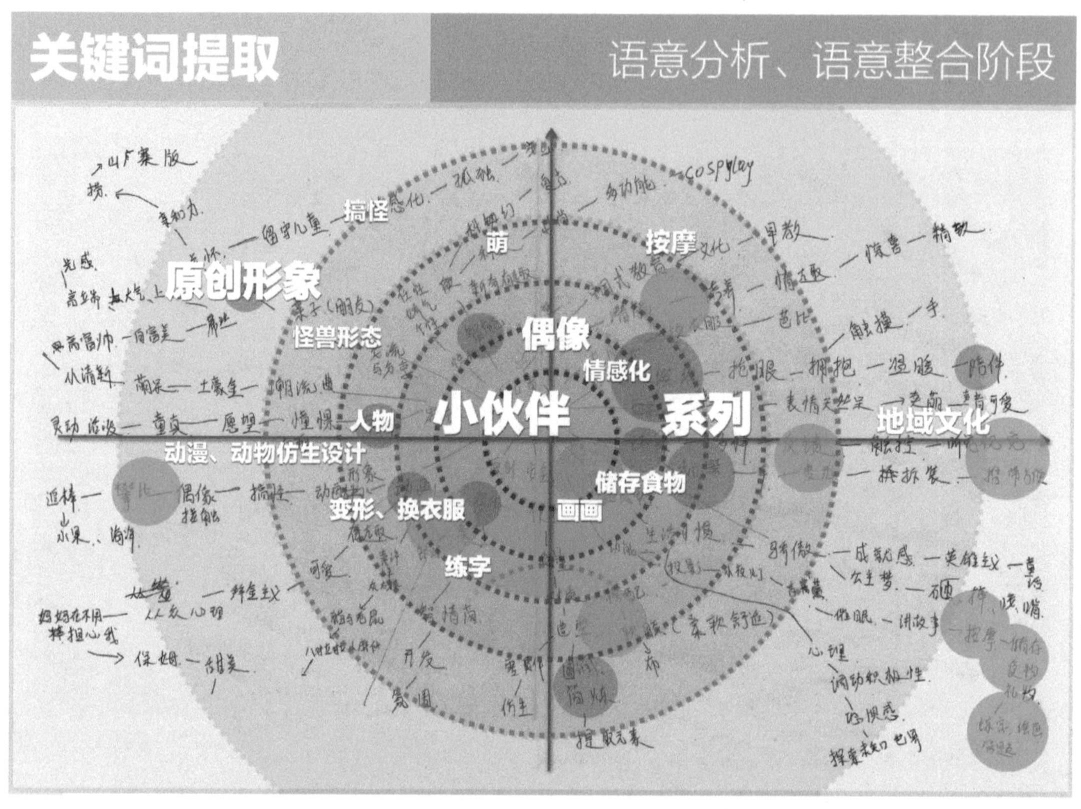

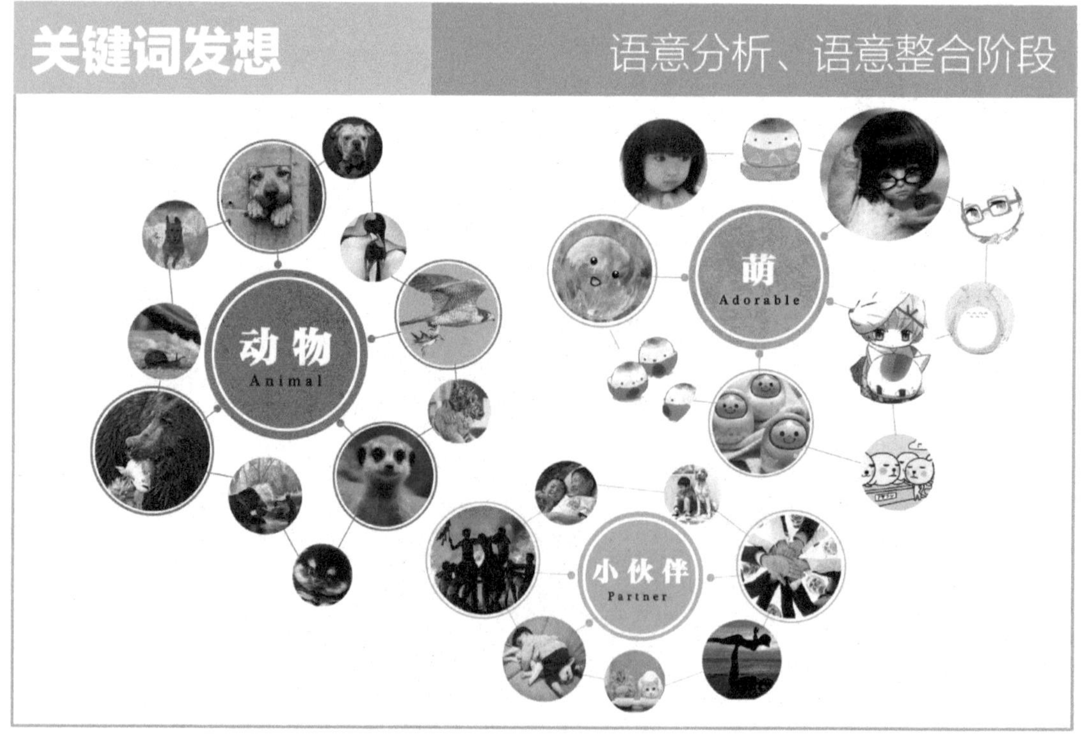

图 3-9 对“智能故事机”进行关键词提取

形象设想－1 语意分析、语意整合阶段

图 3-10 “智能故事机”形象设想 1

形象设想 - 2　语意分析、语意整合阶段

图 3-11 “智能故事机”形象设想 2

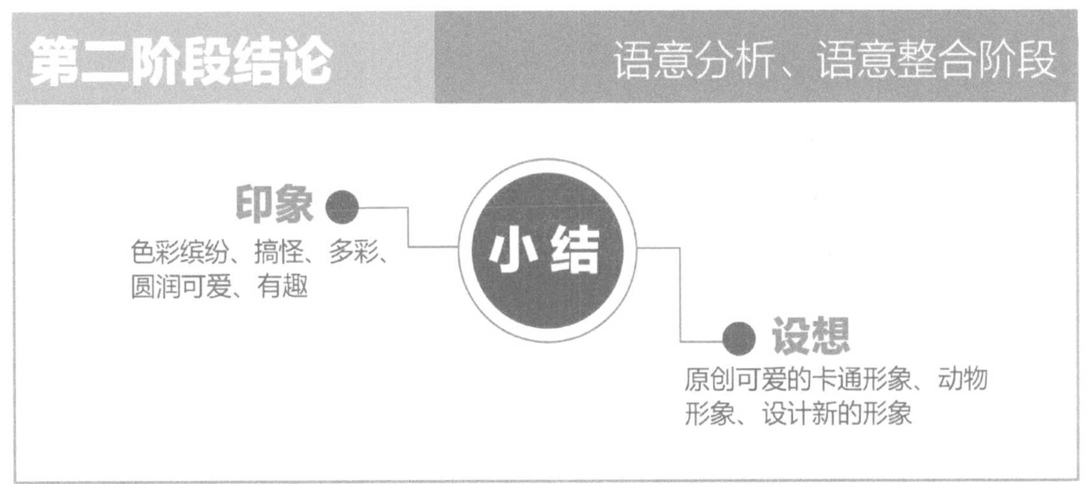

图 3-12 “智能故事机设计”第二阶段结论

3.1.3 第三阶段——语意提炼、设计延展

语意提炼是一个演绎过程，是一个循环的认知过程。它可能由一些最初的不能理解的感觉或概念开始，不断在使用情景中将那一幕幕场景、一组组关联发现呼应，进一步明确假设的内容，并围绕解释学循环展开。在此过程中，产品特征将在语意内容和对模型赋予的意义之间区分出来，经过不断的选择、放大、验证、排除，这些被建构出来的模糊意义的若干分枝将会聚集到一个有效、紧凑的范围，从而实现明确的理解结果。在这一阶段要注意以下几点问题。

第一，产品语意表达应当符合人的感官对形状含义的经验。人们看到一个东西时，往往从它的形状来考虑其功能或动作含义。如看到“平板”时，会想到可以“放”东西，可以“坐”，可以用它作垫板来“写”字；“圆”是什么动作含义？可以旋转或转动；“窄缝”是什么含义？可以把薄片放进去。用什么形状表示“停”？用什么形状表示“硬”和“软”？用户会产生什么感觉？“粗糙”“棱角”对人的动作具有什么含义？

第二，产品语意表达应当提供方向含义，物体之间的相互位置，上下前后层面的布局的含义。任何产品都具有正面、反面和侧面。正面朝向用户，需要用户操作的键钮应当安排在正面，如果电视机的电源开关安置在电视机的背面，就会给用户带来不必要的麻烦。设计必须从用户角度考虑产品的“正面”表示什么含义？“反面”表示什么含义？怎么表示“转动”“滑动”“滚动”？怎么表示“连结”“黏结”“旋结”？用什么表示各部件之间的相互位置关系？产品该如何放置？

第三，产品语意表达应当提供状态的含义。电子产品具有许多状态，这些内部状态往往不能被用户发觉，设计必须提供各种反馈显示，使内部的各种状态能够被用户感知。例如，用什么表示“启动”？用什么表示“暂停”？用什么表示“正常运行”？用什么表示“电池耗尽”？用什么表示“断电”？用什么表示“关闭”？用什么表示“锁定”？用什么表示“定时”？

第四，产品语意表达应当提供用户操作指示。要保证用户正确操作，必须从设计上提供两方面信息——操作装置和操作顺序。许多设计只把各种操作装置安排在面板上，用户看不出应当按照什么顺序进行操作，这种面板设计并不能满足用户需要，往往使用户不敢操作，他们经常考虑一个问题：“如果我操作顺序错了，会不会把电器搞坏？”许多用户在操作计算机、电视机、洗衣机、电熨斗、录像机、VCD、DVD，以及许多仪表时，都会产生这种疑问。设计必须提供各种操作过程。（图 3-13）

语意提炼、设计延展阶段

语意的形态确定与形态设计

外观典型特征的语意描述

对上述典型特征选取具有同样语意特征的物品建立设计参照体系，进行视觉化的语意描述，并以此引导设计感觉。

防止干扰：语意干扰、设备干扰、理解干扰；

营造语意优势：相比竞争产品；

传达不同概念时语意更新颖、更合适；

传达相同概念时表达更新颖、更深刻、更准确。

参照物种类：

图片　色彩　音乐　影象　用品

其他亲历感受 ……

↓

参照物特征形态分析与要素提取

在设计方案中的推广运用

图 3-13 产品语意设计第三阶段分析

最后来看广州沅子设计有限公司的“儿童智能故事机设计”项目的第三阶段，根据产品语意设计程序，学生运用语意的相关知识对儿童智能故事机进行提炼设计与延展，取得了产品语意设计项目的成果。依据第二阶段总结——对故事机设计的设定开展设计，以下几组设计方案以插图、故事版的方式讲述故事，将故事机拟人化，赋予它生命和性格，每个故事机的背后都有一个吸引人的故事，通过故事的情节和可爱的形态让小朋友喜欢故事机，愿意亲近它并与之交流。

A 方案——种子故事机　广东轻工职业技术学院 林惺移

在这位同学的理解中，故事是陪伴小朋友成长的一颗种子，随着小朋友逐渐长大，故事种子将在小朋友的心中生根、发芽、开花、结果……因此，这位同学将故事机提炼成为一个个种子娃娃的形象，这个种子娃娃的身上隐藏了很多有意思的经历与故事。（图 3-14、图 3-15）

设计方案展示 - A　语意提炼、设计展延阶段

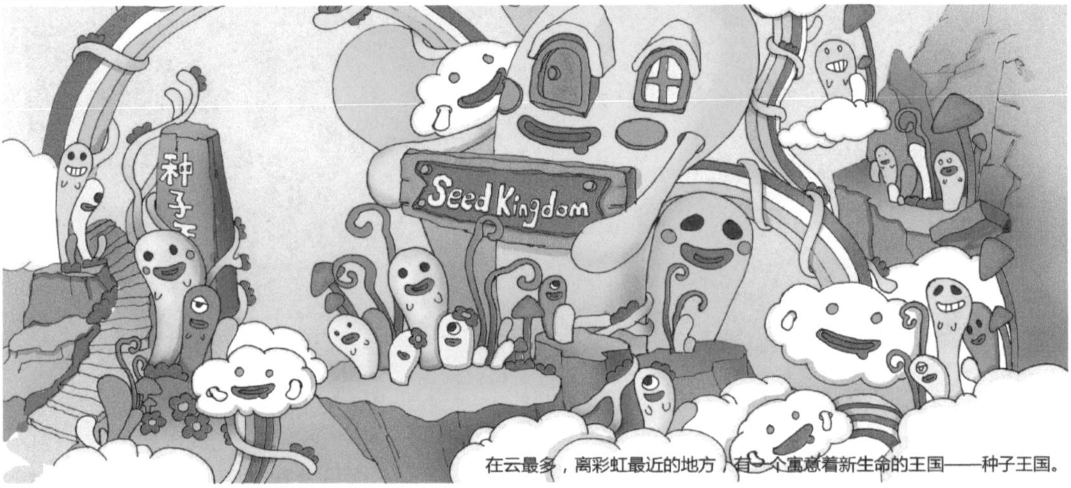
种子王
Seed Kingdom
在云最多，离彩虹最近的地方，有一个寓意着新生命的王国——种子王国。

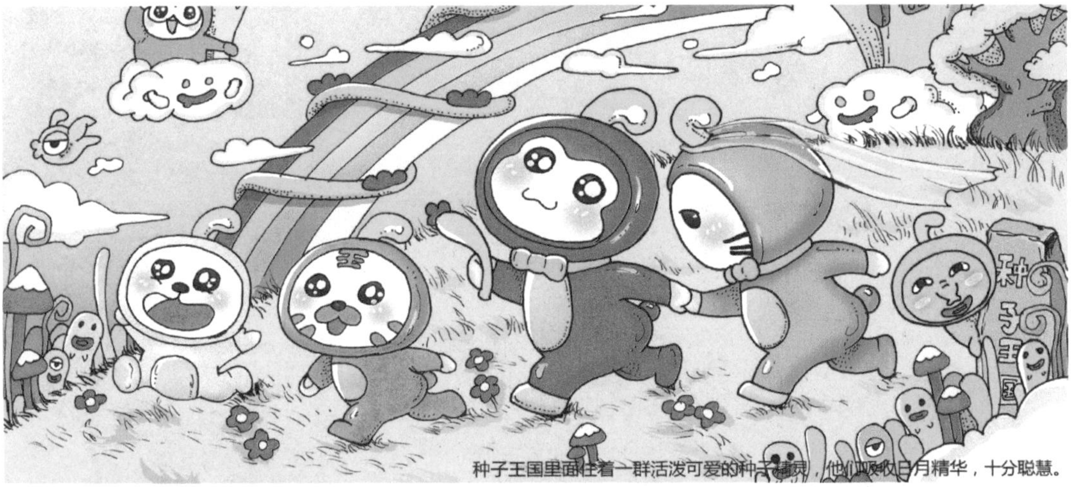
种子王国
种子王国里面住着一群活泼可爱的种子精灵，他们吸收日月精华，十分聪慧。

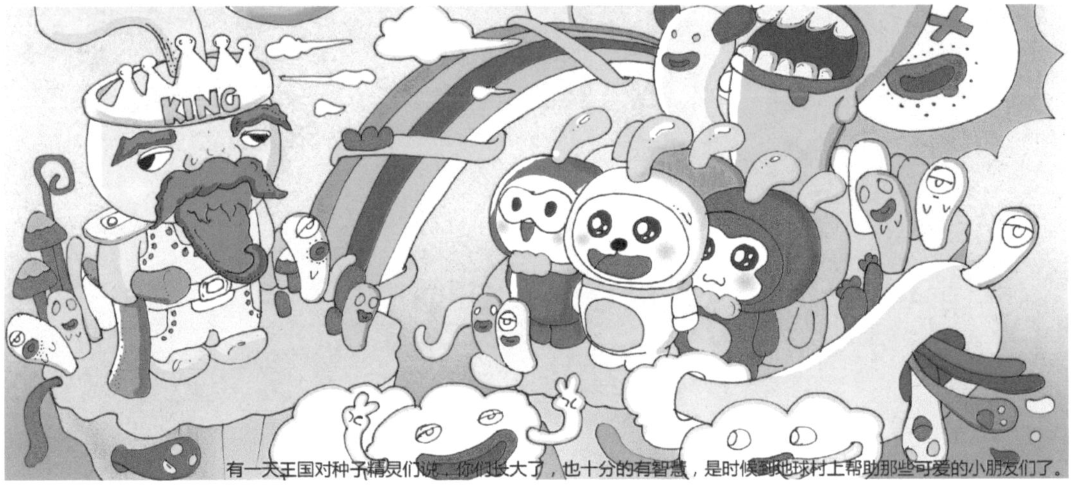
KING
有一天王国对种子精灵们说，你们长大了，也十分的有智慧，是时候到地球村上帮助那些可爱的小朋友们了。

图 3-14 A 方案“种子故事机”的故事版展示

设计方案展示－A　语意提炼、设计展延阶段

图 3-15 A 方案“种子故事机”的产品展示

B 方案——小啵子故事机　广东轻工职业技术学院 刘汝君

小啵子是一位性格开朗、可爱的小女生，她喜欢唱歌，爱讲故事，有丰富的文学知识，她是小朋友最忠实的伙伴，她的成长故事会与你共享……（图 3-16）

设计方案展示 - B　语意提炼、设计展延阶段

图 3-16 B 方案“小啵子故事机”展示

C 方案——爱说话的小鹿故事机 广东轻工职业技术学院 王柳儿

这一只小鹿很爱说话，也很爱讲故事，但如果没有好的听众它会很伤心。让小朋友们都来听它的故事吧，动物是人类最好的朋友……（图 3-17）

图 3-17 C 方案“爱说话的小鹿故事机”展示

D 方案——大蜗牛故事机 广东轻工职业技术学院 陈雪萍

每个小朋友都有很多的梦想，梦想的实现就如同蜗牛的爬行一样，缓慢但坚定，一步一个脚印。童话故事里有很多主人公排除万难最终梦想成真，这些励志的故事请听蜗牛一一道来……（图 3-18）

设计方案展示 - D　　语意提炼、设计展延阶段

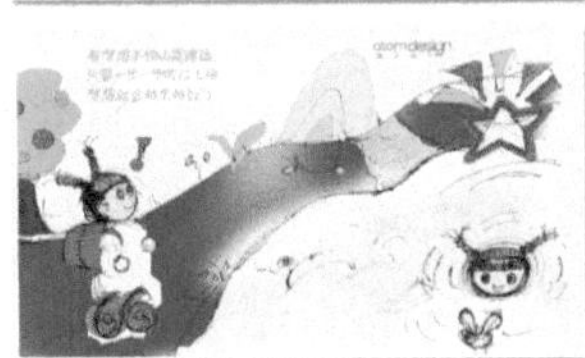

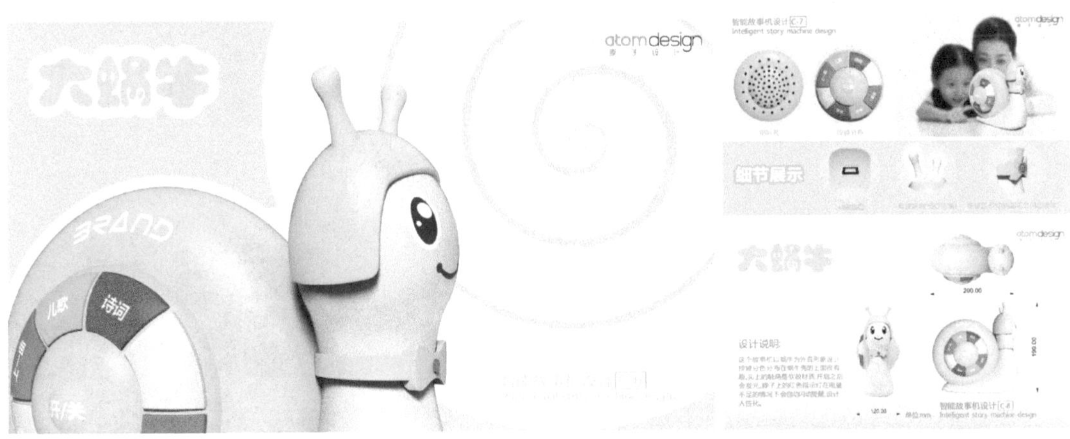

图 3-18 D 方案“大蜗牛故事机”展示

智能故事机备选方案故事版展示（图 3-19）

广东轻工职业技术学院：冯梦娜、莫娇燕、梁诗诗、刘华清、陈晓立

备选方案展示 - A　语意提炼、设计展延阶段

E

《小狸猫的故事》故事版，创作：冯梦娜

F

《小浣熊的故事》故事版，创作：莫娇燕

G

《小小宇航员的故事》故事版，创作：梁诗诗

H

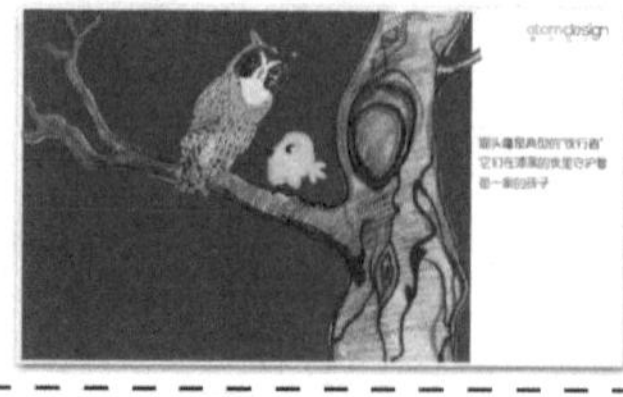

《猫头鹰的故事》故事版，创作：刘华清

I

《小熊猫的故事》故事版，创作：陈晓立

图 3-19 智能故事机备选方案故事版展示

智能故事机备选方案产品展示（图 3-20）

广东轻工职业技术学院：冯梦娜、莫娇燕、梁诗诗、刘华清、陈晓立

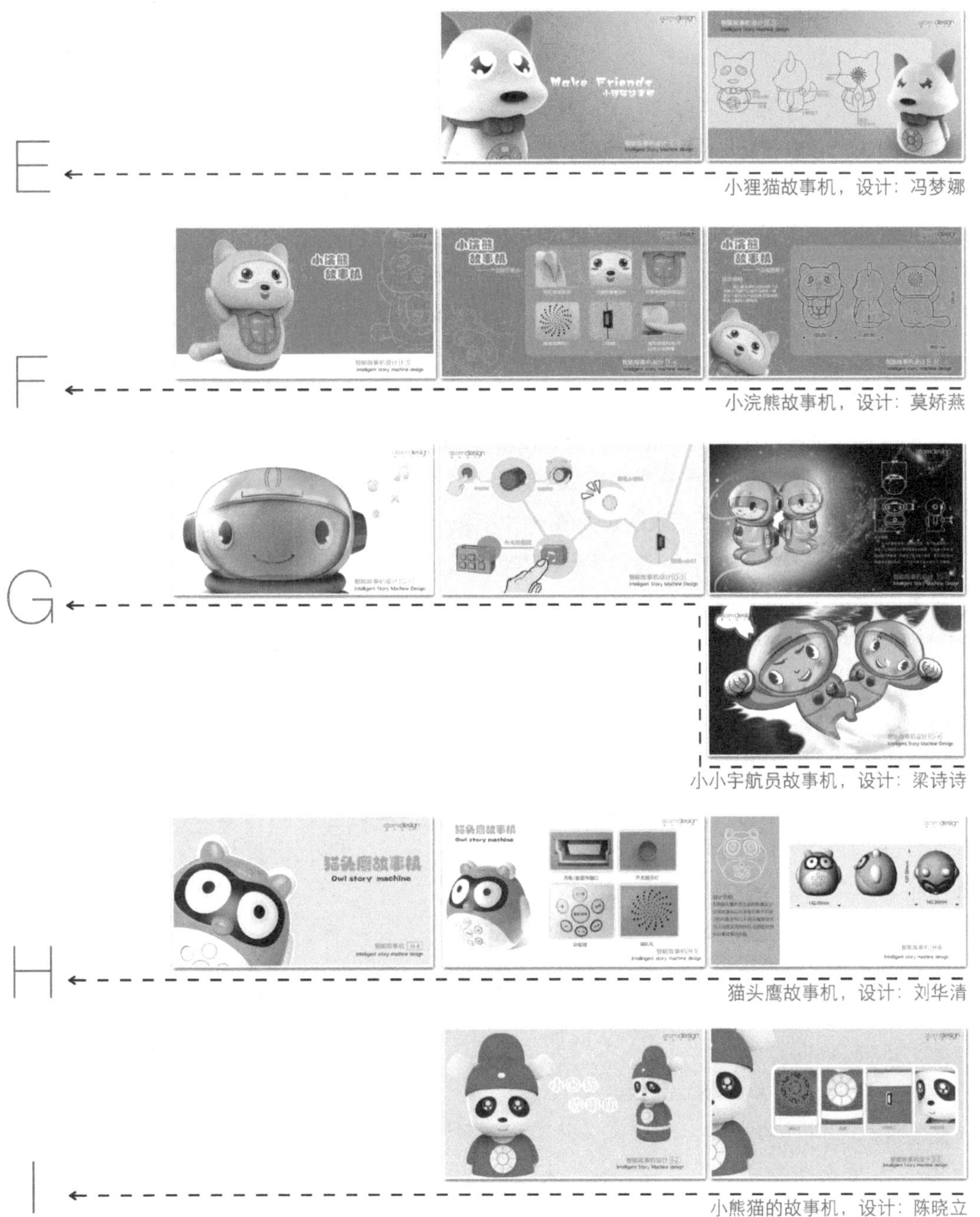

图 3-20 智能故事机备选方案产品展示

智能故事机项目总结：

此次项目完结后，广州沅子设计有限公司对结果甚为满意，惊讶于同学们跳脱的概念构思，严谨的设计推导过程和准确的形态把握及丰富的后期细节处理。通过此次产品语意学导入实际的项目中，充分体现产品形态是传达信息的载体，可以言而有物，形态设计不仅仅依靠灵感一闪，更可以通过用户研究、背景分析、语意分析、语素整合和元素提炼等一步一步有计划、有目标地推导。在此过程中，通过产品语意可以帮助学生如何去获取有价值的产品形态，如何利用语意、故事版等方式与客户沟通，借此感动客户使其接受提案。

3.2 使人微笑的产品

美国认知心理学家、计算机工程师、工业设计家唐纳德 · A · 诺曼 (Donald Arthur Norman) 曾经提到，产品设计的最高层面就是使人微笑，这个“人”指的是用户。优秀的产品带给用户以愉悦体验，同样，产品语意学中对优秀产品给出了一些原则上的指导，优秀的设计必须符合一定的语意原则。广东轻工职业技术学院艺术设计学院多年来致力于产品语意学的探索与研究，完成了很多相关的设计实训项目，获得了丰硕的设计成果，下面我们就以这些设计成果为例来分析产品语意设计的原则。

3.2.1 符合产品的功能和目的

产品的语意设计应符合产品的功能和目的。对此，著名工业设计师理查德 · 萨伯曾在《1940 — 1980 年意大利设计汇编》一书中介绍他的设计时说：“我认为，设计者不需要为他的设计做什么解释，而应通过他的设计来表达设计的一切内涵。因此，我对我的设计没有什么可以再说明的了。”产品功能应当不言自明。这对于一些功能全新的高科技产品尤其重要。这是因为，要使产品的形象具有识别性，就应使它的形式明确地表现出它的功能，从而避免人们由于产品语意传达的障碍而茫然不知所措。通过产品的形状、颜色、质感，应当能传达它的功能用途，使用户能够通过外形立即认出来这个产品是什么东西，用它可以干什么，它具有什么具体功能，有什么要注意的，怎么操作等等。例如《未来智能救生衣》与《河流清道夫》两幅作品的形态处理也都符合了产品的功能和目的原则，分别清楚地展示了救援与环保设计的特性 (图 3-21 ~ 图 3-23)。而作品《“站立式”写字垫板》，通过巧妙的处理，使原来独立但相互关联的两件物品——垫板与笔成为一个整体，并形成了新的功能“站立”。该设计通过外形言简意赅地表达了设计的目的与功能，并获得 2009 年 IF 优秀概念奖。(图 3-24)

图 3-21 未来智能救生 1
广东轻工职业技术学院 设计：李耿钰 / 指导：陈炬、李楠

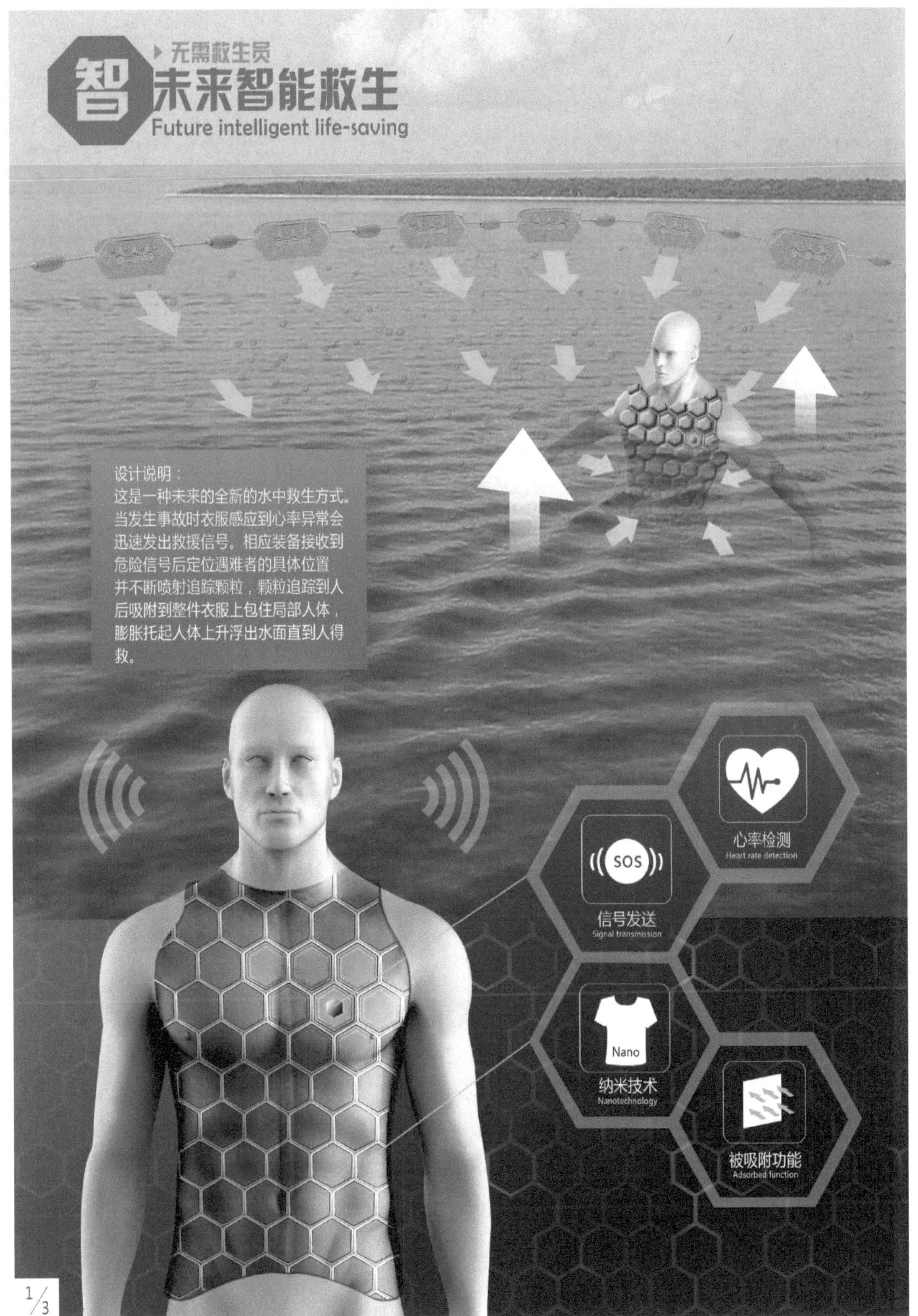

图 3-22　未来智能救生 2
广东轻工职业技术学院　设计：李耿钰／指导：陈炬、李楠

图 3-23 河流清道夫

广东轻工职业技术学院 设计：周凯桃 李健平 / 指导：陈炬、李楠、梁跃荣

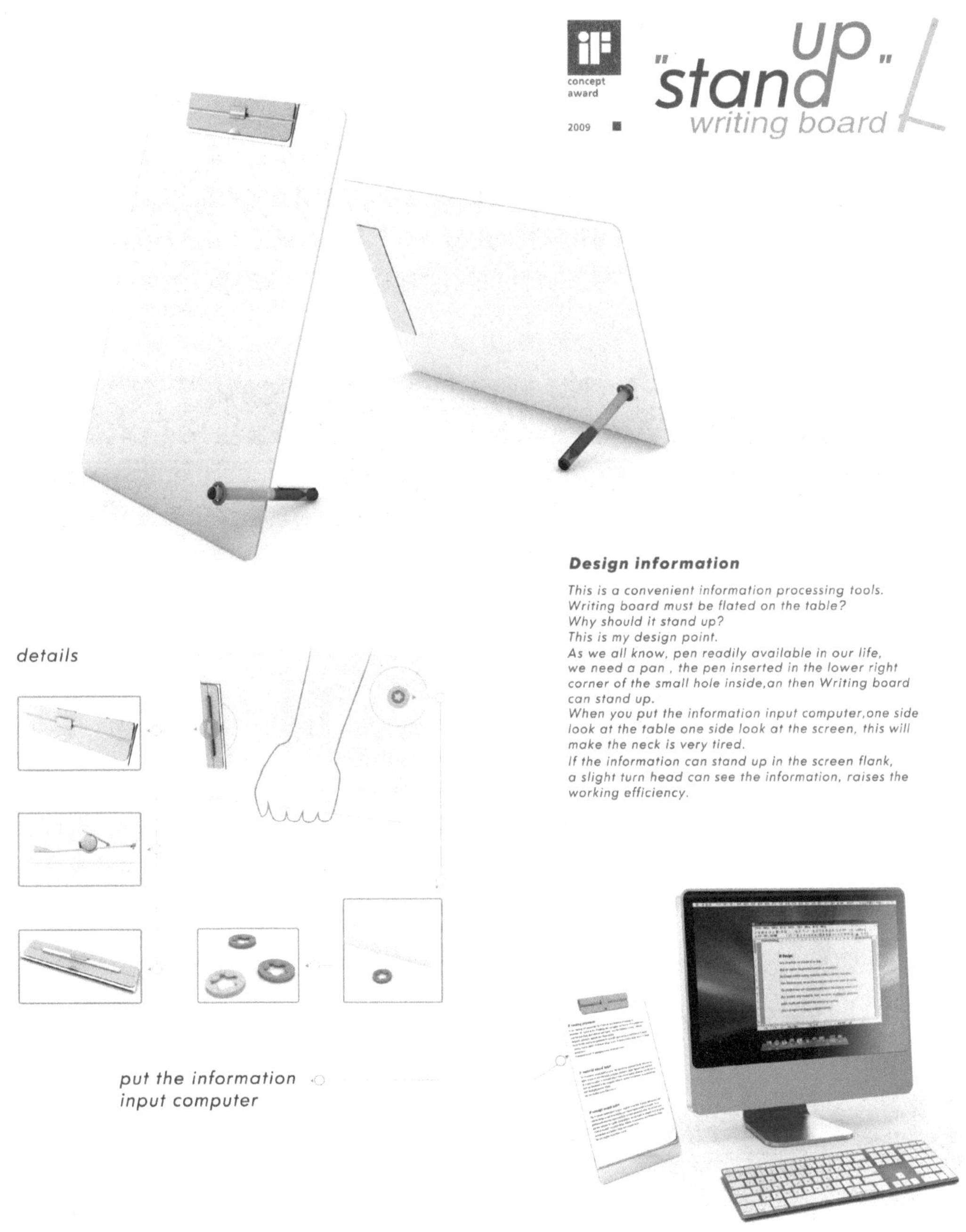

图 3-24 “站立式”写字垫板 该设计获得 2009 年 IF 概念奖
广东轻工职业技术学院 设计：黄锡文／指导：伏波

3.2.2 符合形式美法则

形式美的法则主要有齐一与参差、对称与平衡、比例与尺度、黄金分割律、主从与重点、过渡与照应、稳定与轻巧、节奏与韵律、渗透与层次、质感与肌理、调和与对比、多样与统一等。这些规律是人类在创造美的活动中不断地熟悉和掌握各种感性质料因素的特性，并对形式因素之间的联系进行抽象、概括而总结出来的。产品亦要遵从形式美的法则进行设计。例如，在作品《未来城市智能交通》中，设计者对未来的交通系统进行了大胆设想，设想中的未来交通工具驾驶与运行方式虽然前卫、科幻，但产品造型始终符合形式美的法则，车身主体与辅助部分的比例处理，车门与车灯的重点刻画都凸显了整个系统“多样化统一”的形式美(图 3-25、图 3-26)。在作品《“和谐共生”空气净化器》与《大自然的力量—CO_2 蔬菜量贩机》两幅作品中，设计者通过对人、植物、环境关系的把握，将科技美与自然美融于一个产品系统之中，完美体现了中国古人“和谐共生”“天人合一”的思想，《“和谐共生”空气净化器》获得 2013 年东莞杯国际工业设计大赛银奖(图 3-27、图 3-28)。《“含苞待放”一体式厨房》也将形式美的法则发挥得淋漓尽致，该设计将烹饪与就餐过程整合得如花开般美妙。(图 3-29)

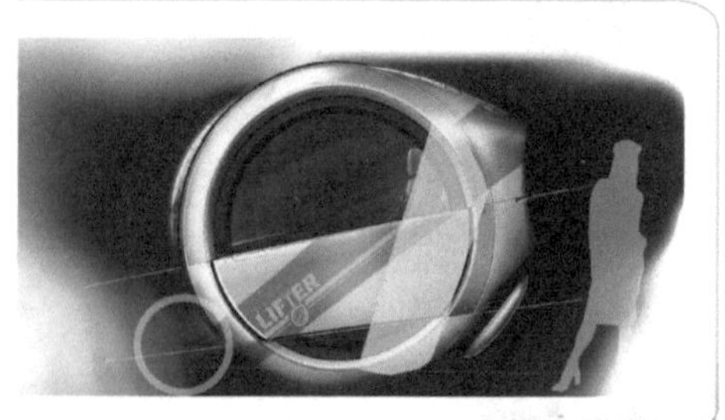

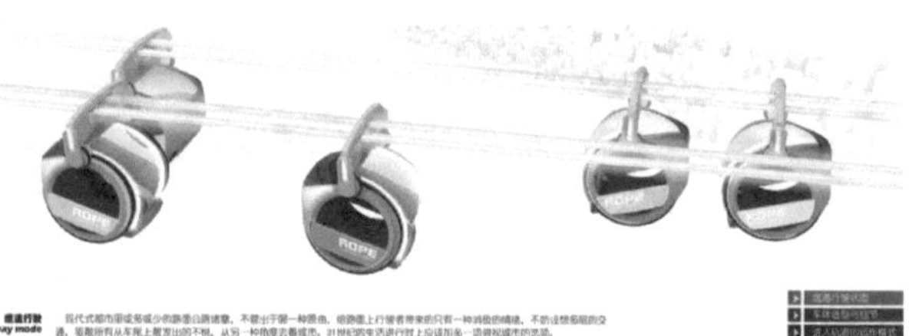

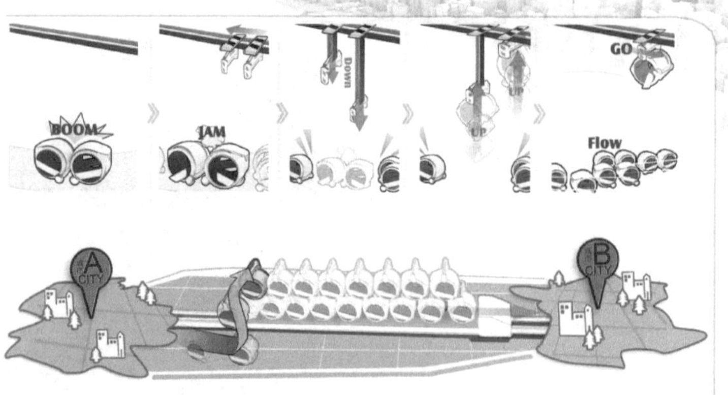

图 3-25 未来城市智能交通 1
广东轻工职业技术学院 设计：劳伟宏／指导：张鍙

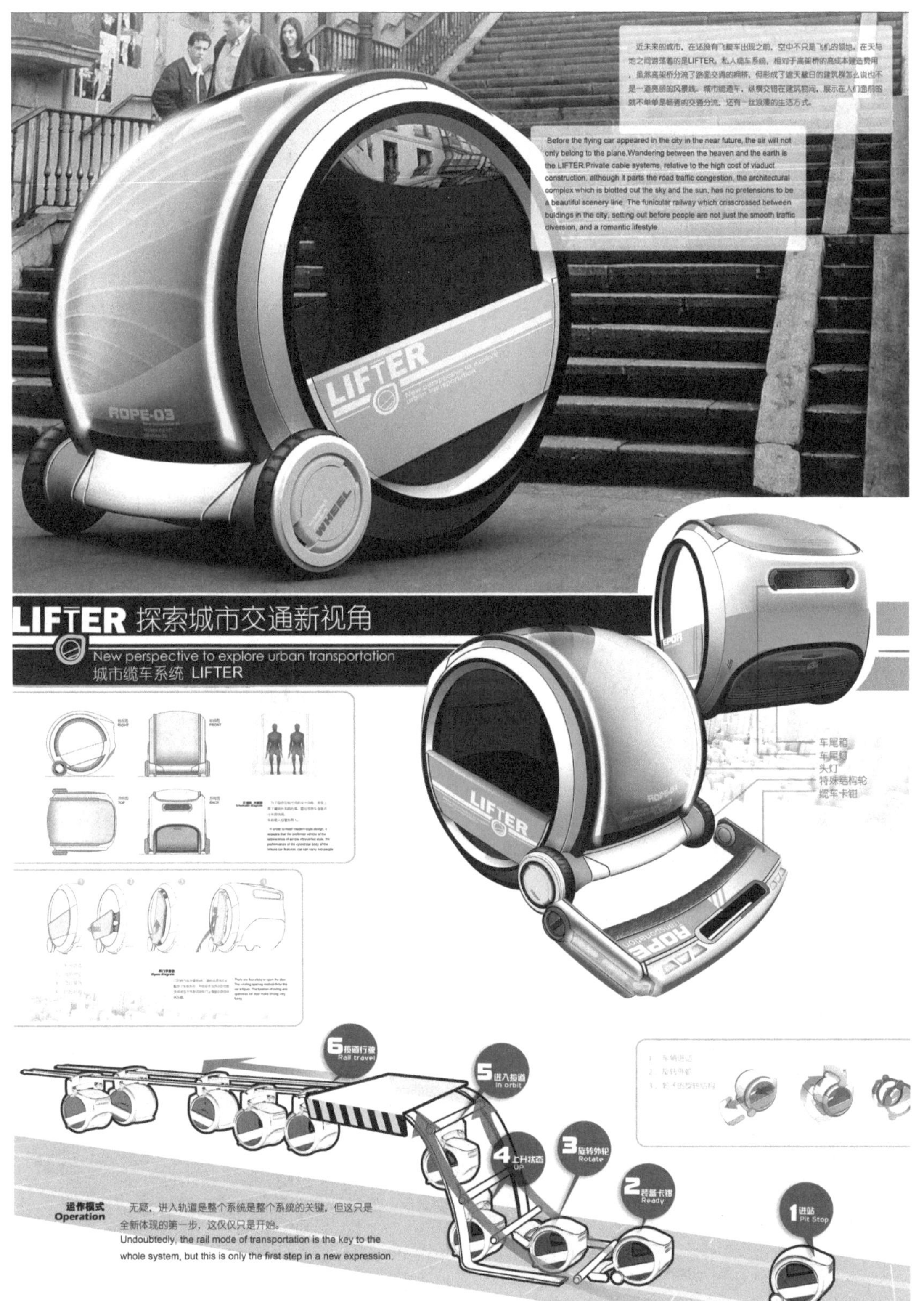

图 3-26 未来城市智能交通 2
广东轻工职业技术学院 设计：劳伟宏／指导：张鋆

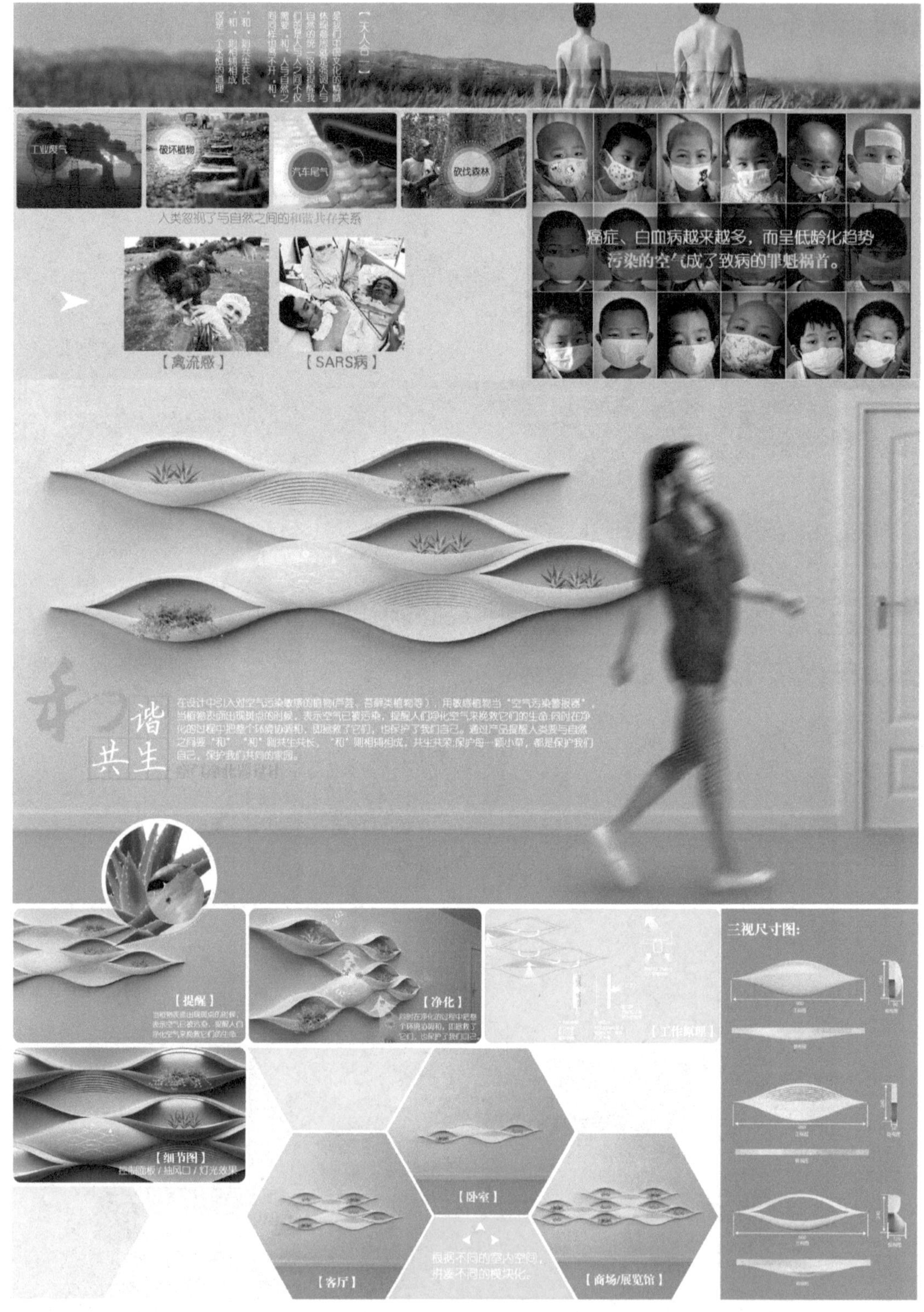

图 3-27 “和谐共生”空气净化器 该设计获得 2013 年东莞杯国际工业设计大赛银奖
广东轻工职业技术学院 设计：张国乐 / 指导：陈炬

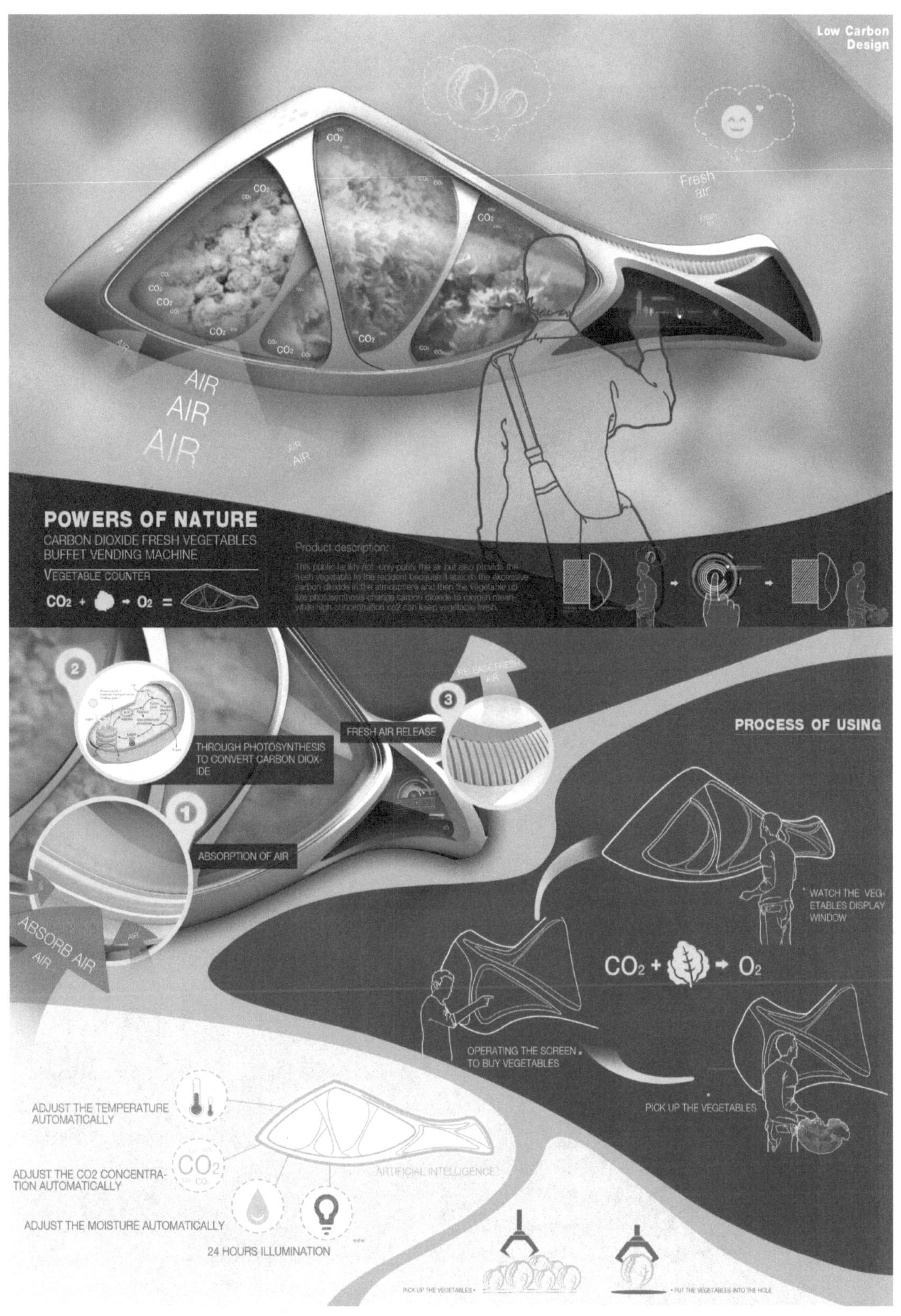

图 3-28 大自然的力量——CO_2 蔬菜量贩机
广东轻工职业技术学院 设计：梁玮琪／指导：陈炬、李楠、梁跃荣

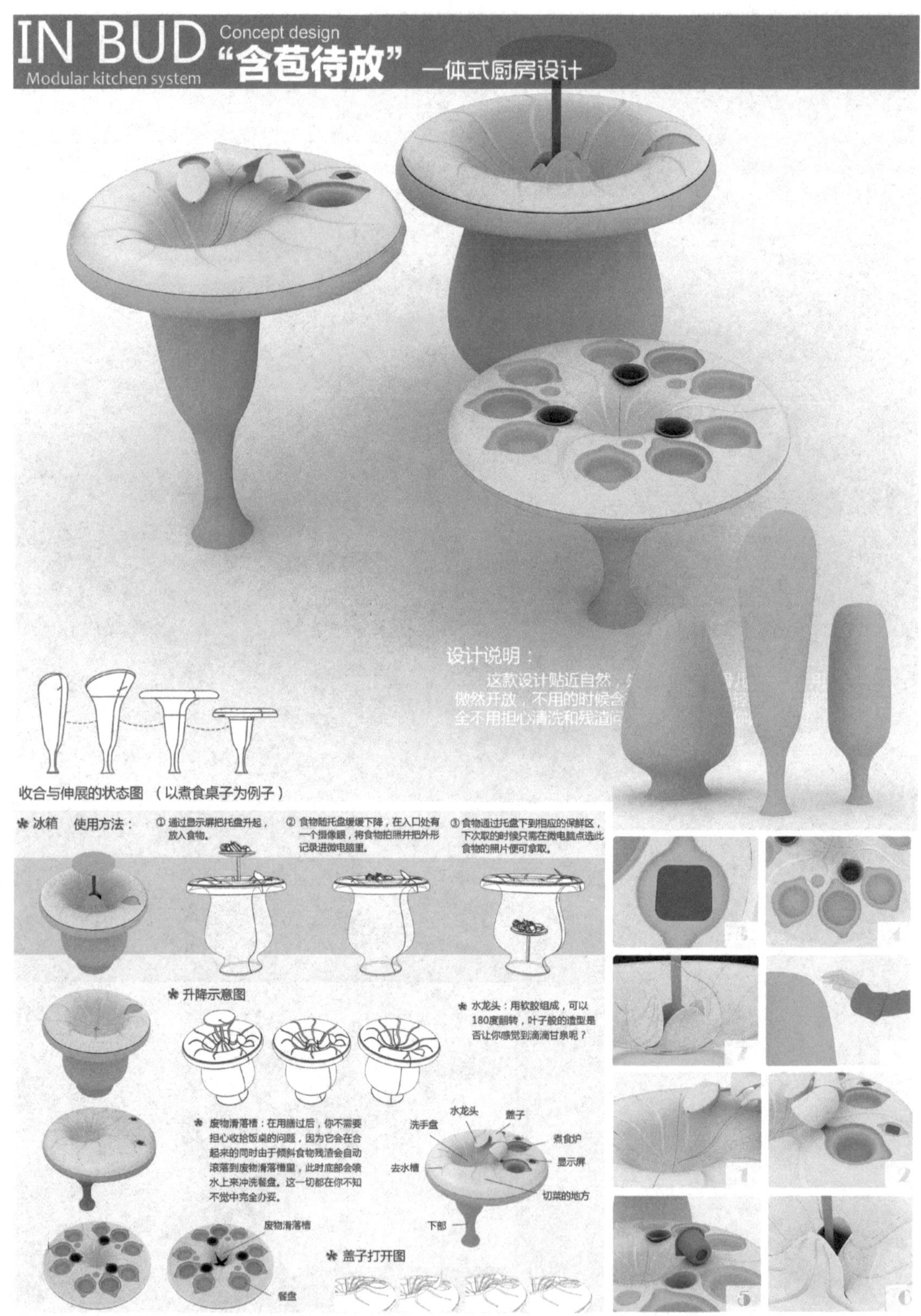

图 3-29 "含苞待放"一体式厨房设计　该设计获得 2009 年中国高职高专毕业设计金奖
广东轻工职业技术学院　设计：黎燕君 / 指导：陈炬、伏波

3.2.3 符合人的生理、心理特征和行为习惯

产品语意设计的任务是对各种造型符号进行整合，综合产品的形态、色彩、肌理等视觉要素，表达产品的交际功能，说明产品的特征、寓意，使产品成为传达信息、表达意义的符号载体。但在产品语意的沟通传达过程中，从委托者、设计师、生产者到使用者，相对于不同的主体，产品可能被赋予不同的意义。这就需要设计师的语意传达必须建立在使用者习惯的基础上，根据使用者的生理特征，以使用者在长期实践过程中所形成的操作经验为基础，把握住消费者的生理特征和行为特征，使设计起到准确地传达其功能的作用。例如：作品《快速风干背囊》就利用了驴友与自行车友的生活习惯，将旅行背囊与衣服风干功能结合在一起（图 3-30）；而作品《绿色节水洗手机》则将洗手时的习惯性搓手动作与人类亲近植物的行为发生了关联，新材料与科技使这成为了可能（图 3-31）；《儿童智能玩具宠物》与《儿童洗浴玩具系列》都根据儿童的生理特征与行为习惯进行探索与设计，完全符合了儿童产品所要求的操作简易性与安全性，成为了贴心的儿童伴侣。（图 3-32 ~ 图 3-34）

图 3-30　快速风干背囊
广东轻工职业技术学院　设计：陈智钊 / 指导：陈炬、李楠、梁跃荣

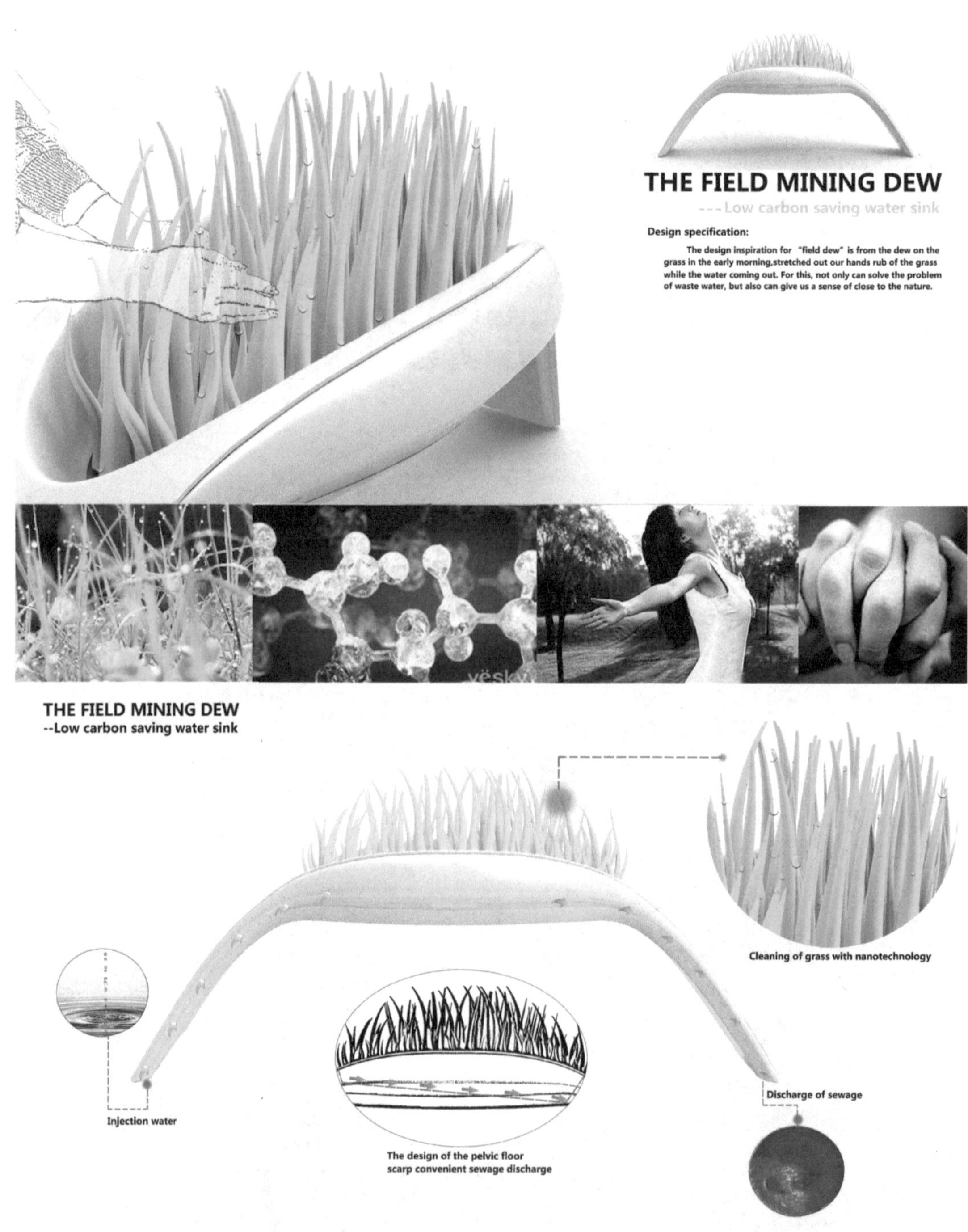

图 3-31　绿色节水洗手机

广东轻工职业技术学院　设计：叶娟／指导：陈炬、李楠、梁跃荣

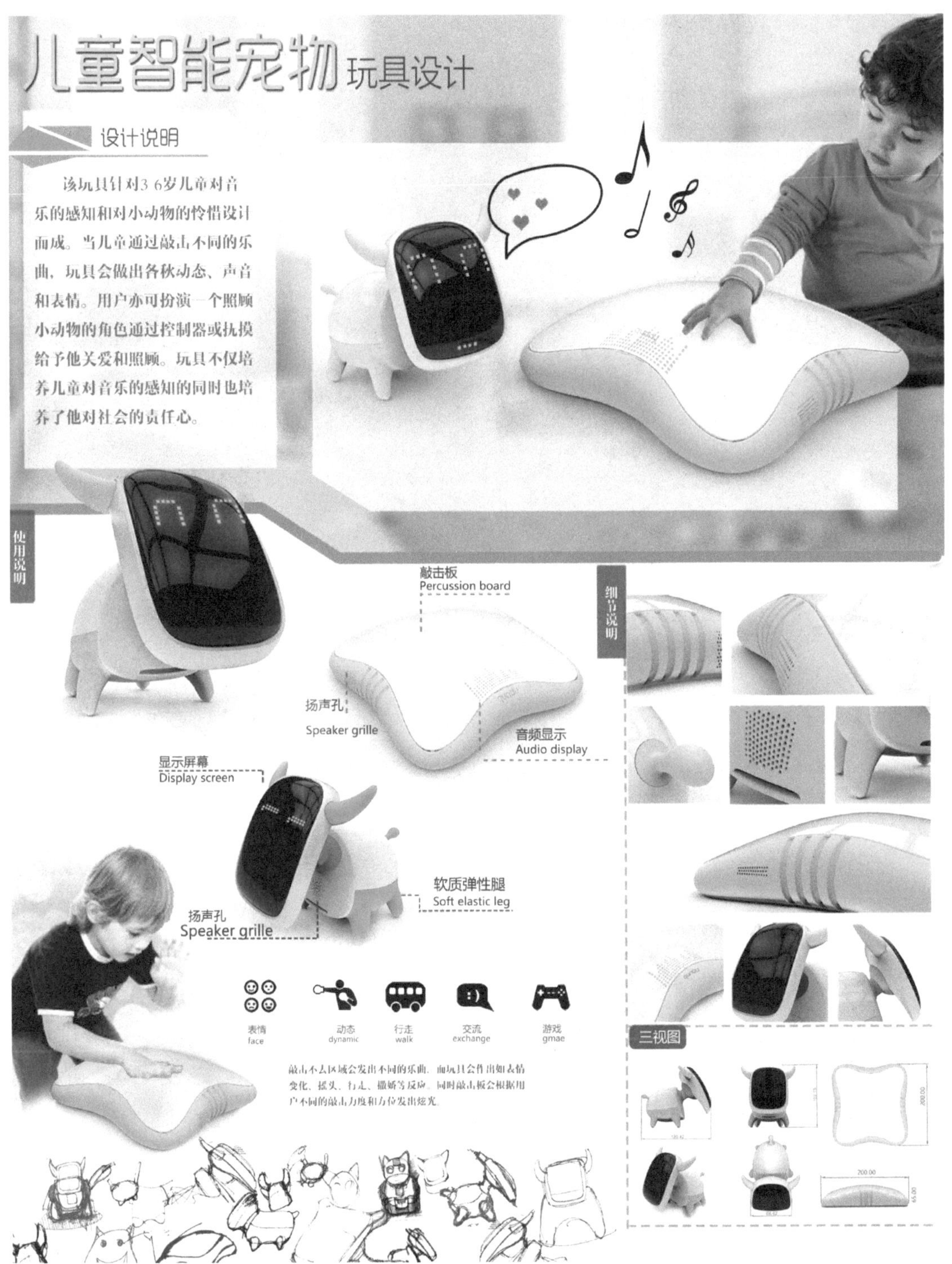

图 3-32 儿童智能玩具宠物 该设计获得 2012 年全国大学生工业设计大赛银奖
广东轻工职业技术学院 设计：刘秋明／指导：陈炬

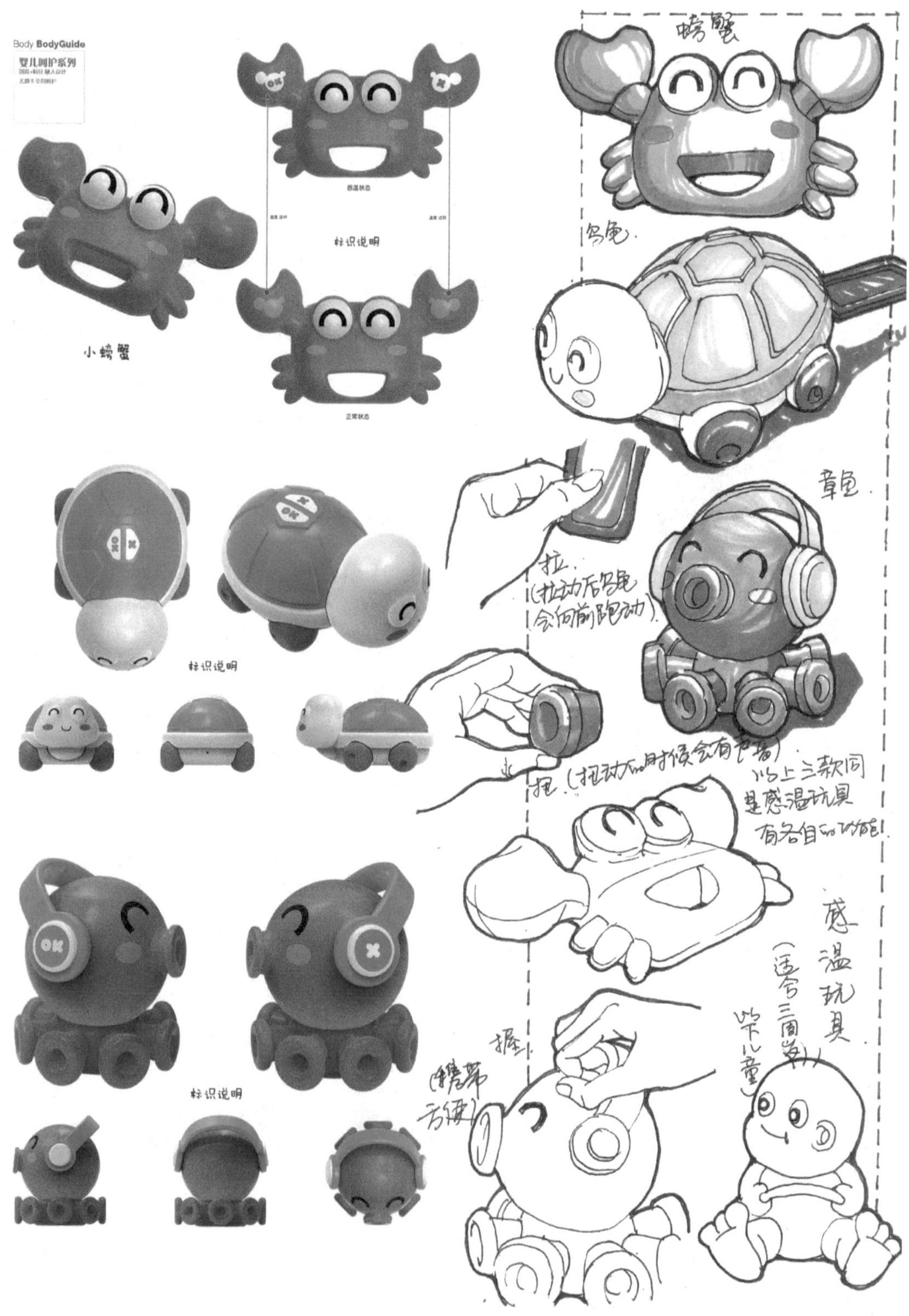

图 3-33 儿童洗浴玩具系列 1 与汕头澄海智汇科技有限公司合作 该设计已投产
广东轻工职业技术学院 设计：黎燕君／指导：陈炬、伏波

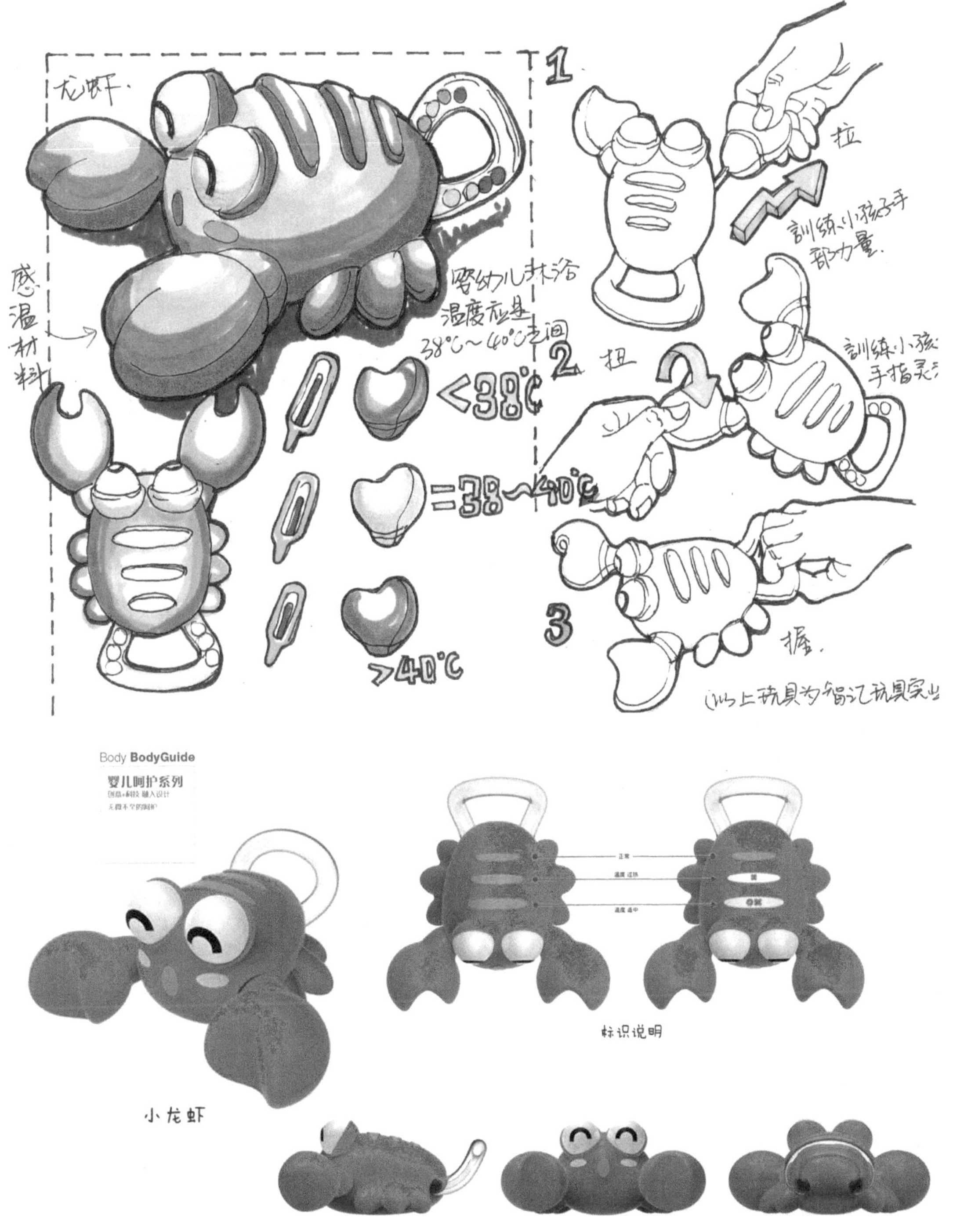

图 3-34　儿童洗浴玩具系列 2　与汕头澄海智汇科技有限公司合作　该设计已投产
广东轻工职业技术学院　设计：黎燕君／指导：陈炬、伏波

3.2.4 符合特定地域人群的民俗文化

从地域上来说，设计与其所在民族的历史文化、观念及审美思维方法密不可分。产品语意的设计应充分考虑地域、宗教及风土民俗对其产生的影响，否则会因抵触了社会习惯和价值体系而受到责难。即使是现代产品的创新、改良，也不能和社会的价值体系相抵触，以免消费者在观念上无法接受。设计者必须确知自己的作品是否能被大众接受，否则便是一个失败的设计。此外，在不同的文化体系下，相同的设计会引起不同的反应，这也是语意设计中所必须考虑的问题。

下面我们以广东轻工职业技术学院的“北京印象”文化纪念品设计项目为例，来具体看看“符合特定地域人群的民俗文化”这一语意原则在具体设计中的体现。北京这座城市有着三千余年的建城史和八百五十余年的建都史，最初见于记载的名字为“蓟”。民国时期，称北平。新中国成立后，是中华人民共和国的首都，简称“京”，现为中国四个中央直辖市之一，全国第二大城市及政治、交通和文化中心。设计者通过对北京城的地域、宗教及风土民俗等情况进行调研、收集、分析了一系列老北京的经典元素，如四合院、门墩儿、门钹等，并将其抽象提炼，转化为一系列的精致、典雅的“北京印象”文化纪念品。(图 3-35 ~图 3-40)

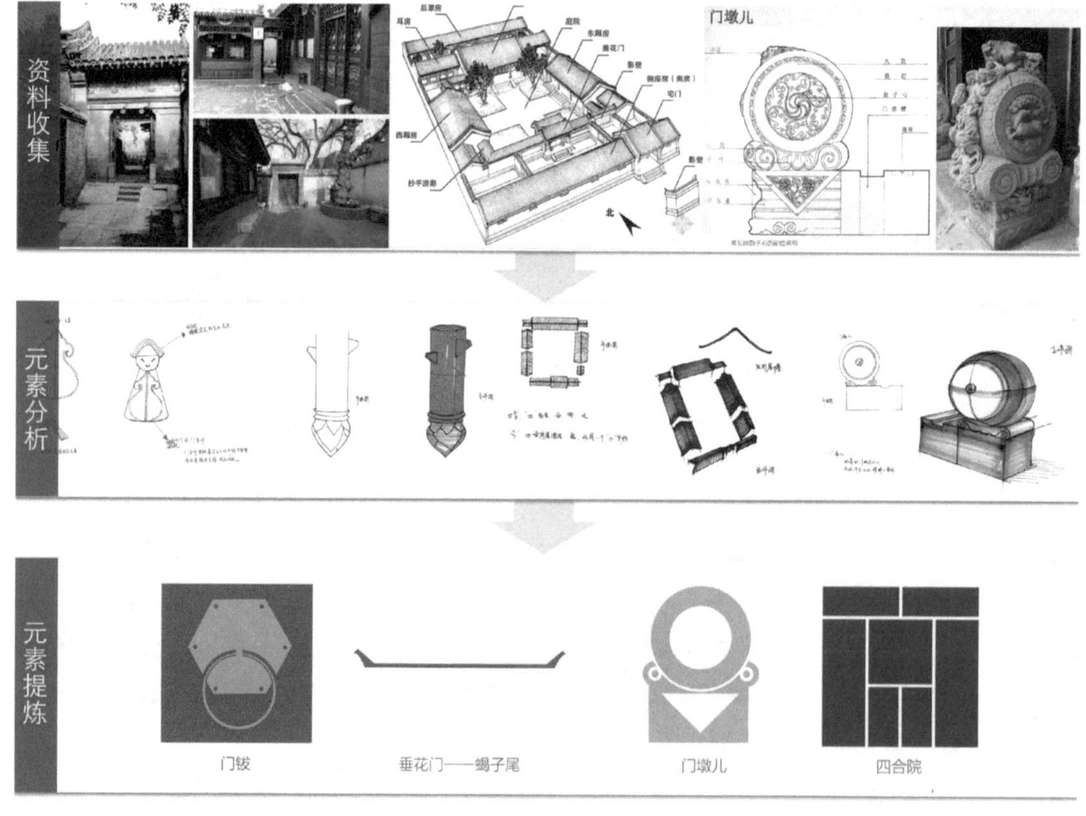

图 3-35 “北京印象”的语意分析与提炼过程
广东轻工职业技术学院 设计：唐勇鹏 李侃文等 / 指导：陈炬、罗名君

图 3-36 “北京印象”的元素转化与应用过程
广东轻工职业技术学院 设计：唐勇鹏 李侃文等 / 指导：陈炬、罗名君

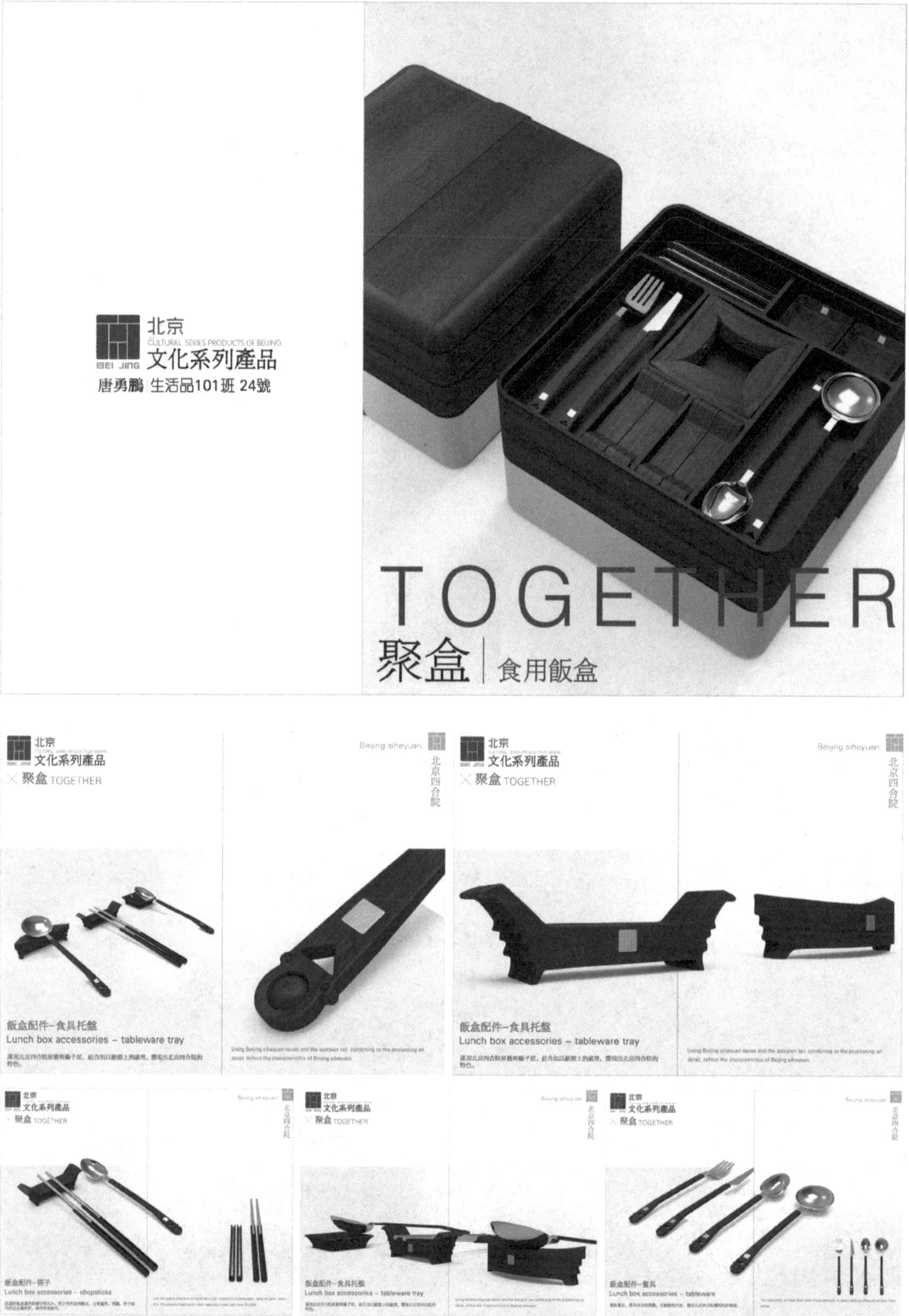

北京
CULTURAL SERIES PRODUCTS OF BEIJING
BEI JING 文化系列產品
唐勇鹏 | 生活品101班 24號

TOGETHER
聚盒 | 食用飯盒

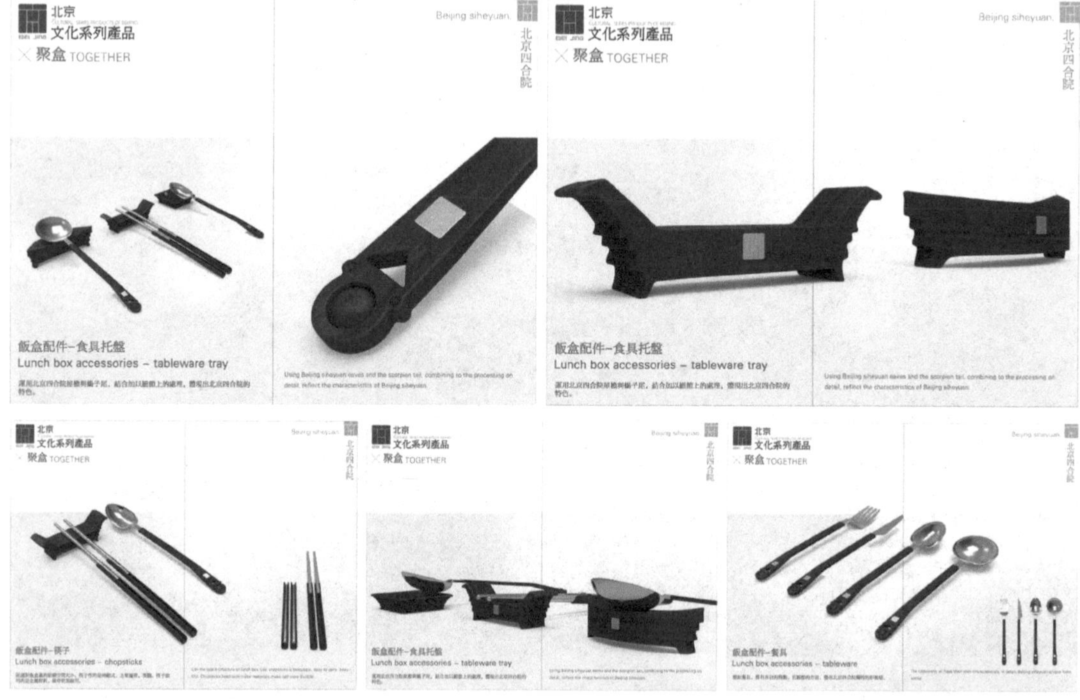

图 3-37 “北京印象”文化餐具系列
广东轻工职业技术学院 设计：唐勇鹏／指导：陈炬、罗名君

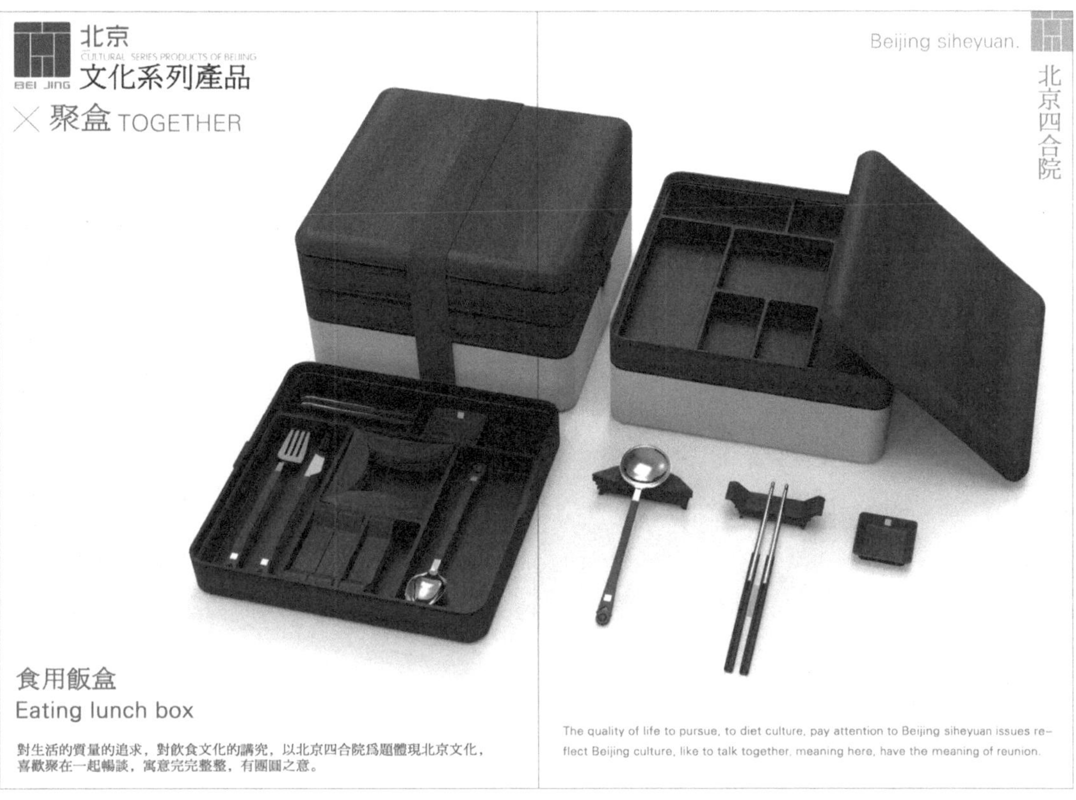

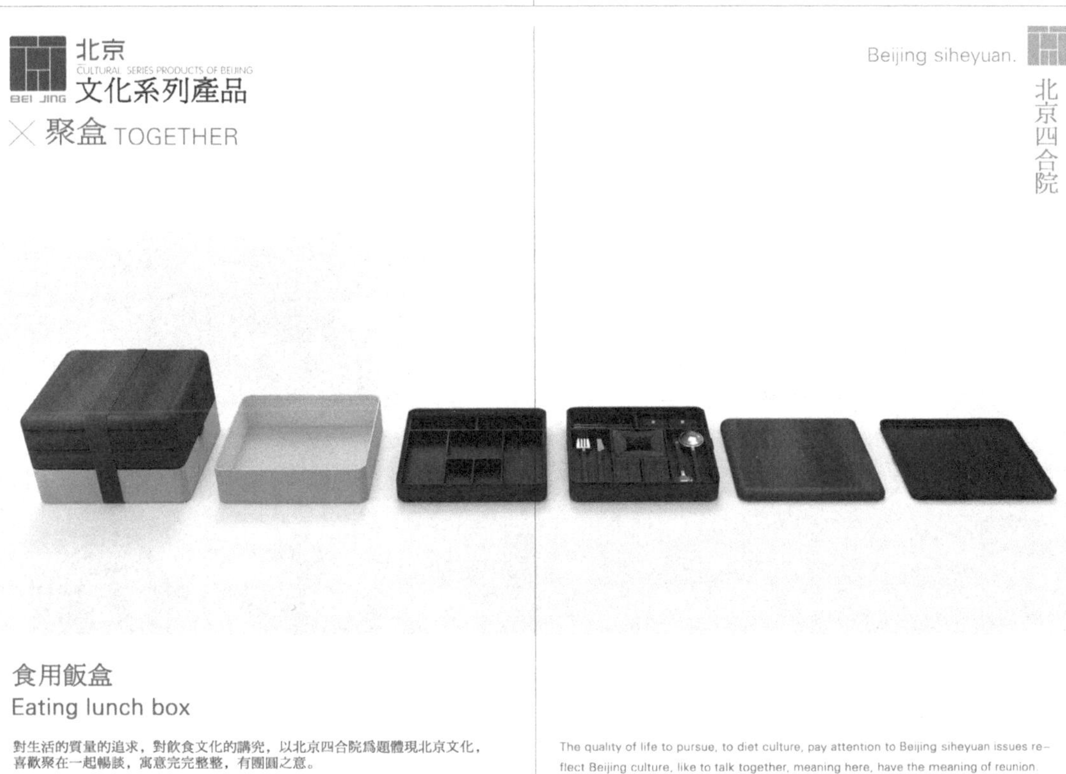

图 3-38 “北京印象”文化餐具包装
广东轻工职业技术学院 设计：唐勇鹏 / 指导：陈炬、罗名君

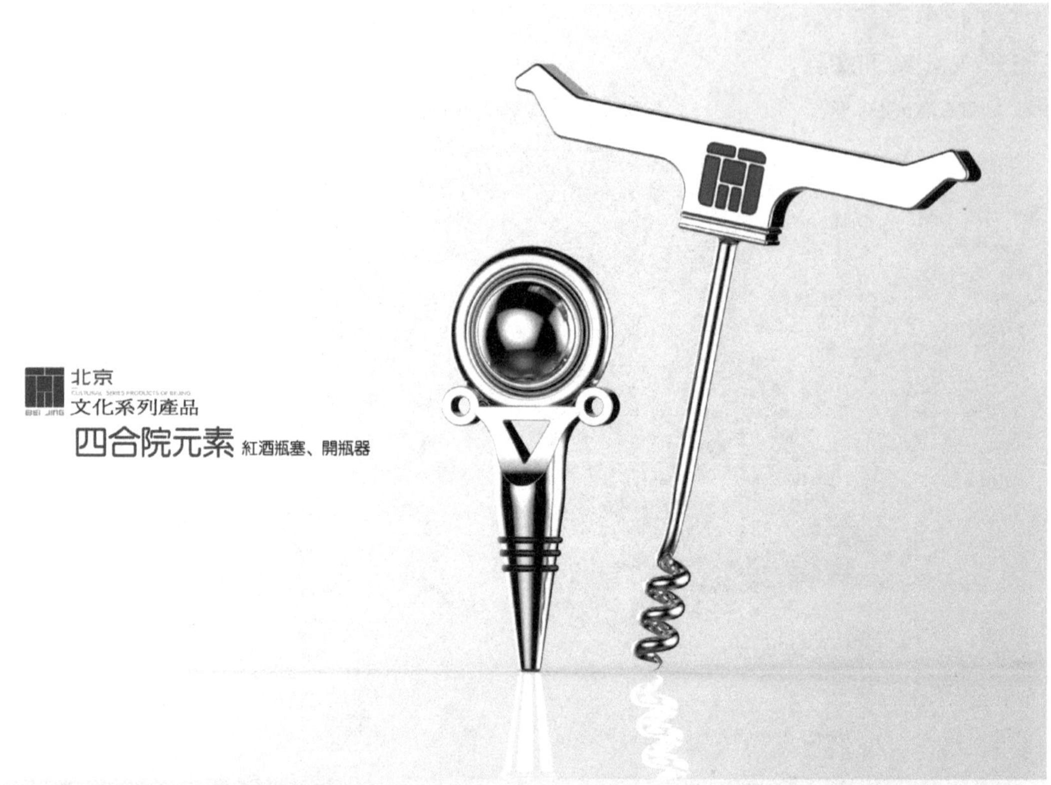

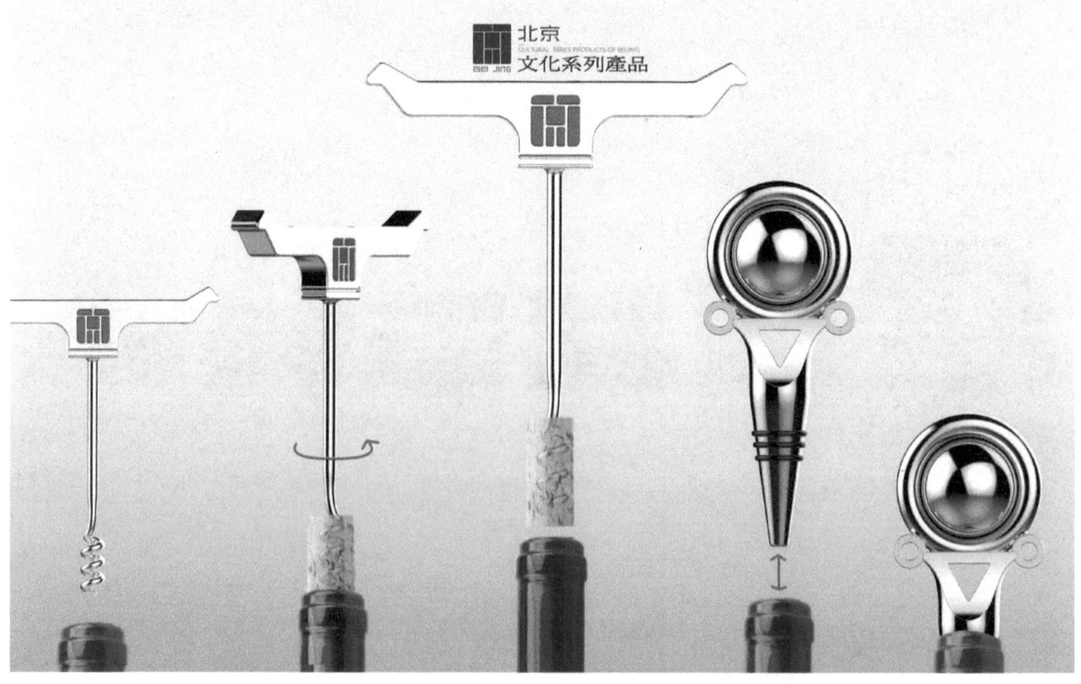

图 3-39 “北京印象”文化红酒开瓶器系列
广东轻工职业技术学院 设计：李侃文／指导：陈炬、罗名君

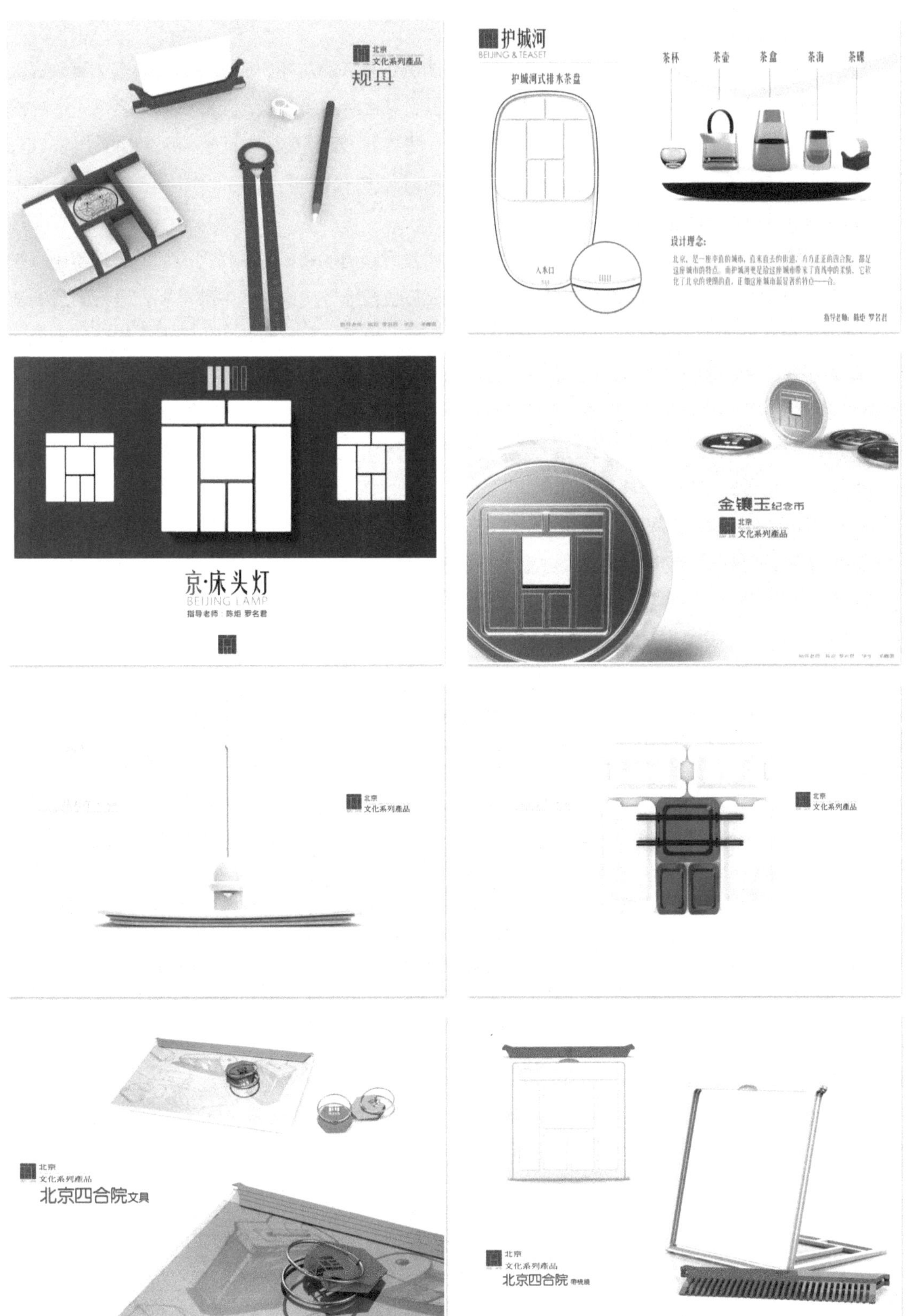

图 3-40 “北京印象”文化纪念品系列
广东轻工职业技术学院 设计：汤嘉璐 李嘉炜等 / 指导：陈炬、罗名君

3.2.5 把握时代感和价值取向

随着消费者对情感和精神的日益关注，产品除要满足基本的功能、使用外，还要表达某种程度的文化内涵，体现特定社会的时代感和价值取向，以引导社会时尚潮流。对此法国著名符号学家皮埃尔·杰罗所曾说："在很多情况下，人们并不买具体的物品，而是在寻求潮流、青春和成功的象征，例如流线型风格，用象征性的表现手法赞颂了速度和工业时代精神，给 20 世纪 30 年代大萧条中的人民带来了希望和解脱。"

为把握时代感和价值取向，设计师要以符合时代发展趋势的审美形式作为时尚的表现手段。在产品语意设计中应参考个人、文化、时间、地点，敞开心胸地寻找素材，突破常规，进行语意的创新。此外，进行必要的市场调研，了解人们的思想脉动，也是把握时代感和价值取向的有效途径。如，据某调查分析得知，影响使用者对产品认知的主要因素有"实用装饰""产品识别"和"创新"影响使用者做偏爱性选择的主要因素有"设计创意性""实用装饰性"与"色彩价值性"；而依照产品的偏爱性选择，使用者似乎因性别不同而有团体化认知现象等。这都将为更好地把握时代感和价值取向提供必要的依据。

下面我们以广东轻工职业技术学院的"性文化"衍生产品设计项目为例，来具体看看"把握时代感和价值取向"这一语意原则是如何与设计匹配的。"性文化"这个主题，映现的是历史发展过程中，人类在针对性和与性有关的物质和精神力量所达到的程度和方式。设计者通过对性文化的产生、发展等情况进行调研、收集、分析，提取了避孕套这一代表性元素并将其抽象提炼，转化为一系列幽默、诙谐的生活小用品。(图 3-41 ~图 3-44)

图 3-41 "性文化"主题海报
广东轻工职业技术学院 设计：陈江涛 李楚丹 麦丽雯等 / 指导：陈炬、罗名君

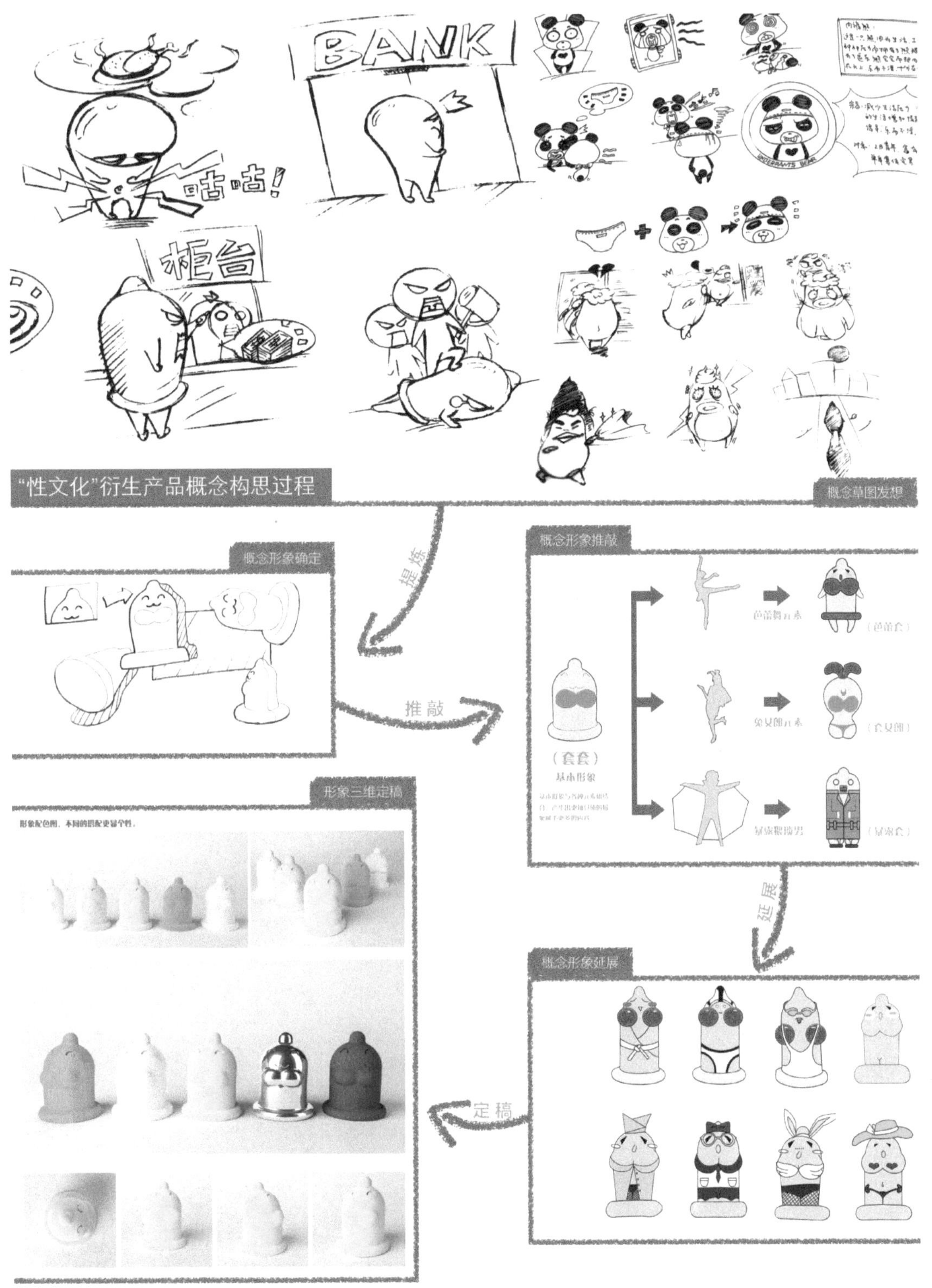

图 3-42 "性文化"衍生产品的设计构思过程
广东轻工职业技术学院 设计：陈江涛 李楚丹 麦丽雯等 / 指导：陈炬、罗名君

图 3-43 "性文化"衍生产品系列 1
广东轻工职业技术学院 设计：陈江涛 李楚丹 麦丽雯等 / 指导：陈炬、罗名君

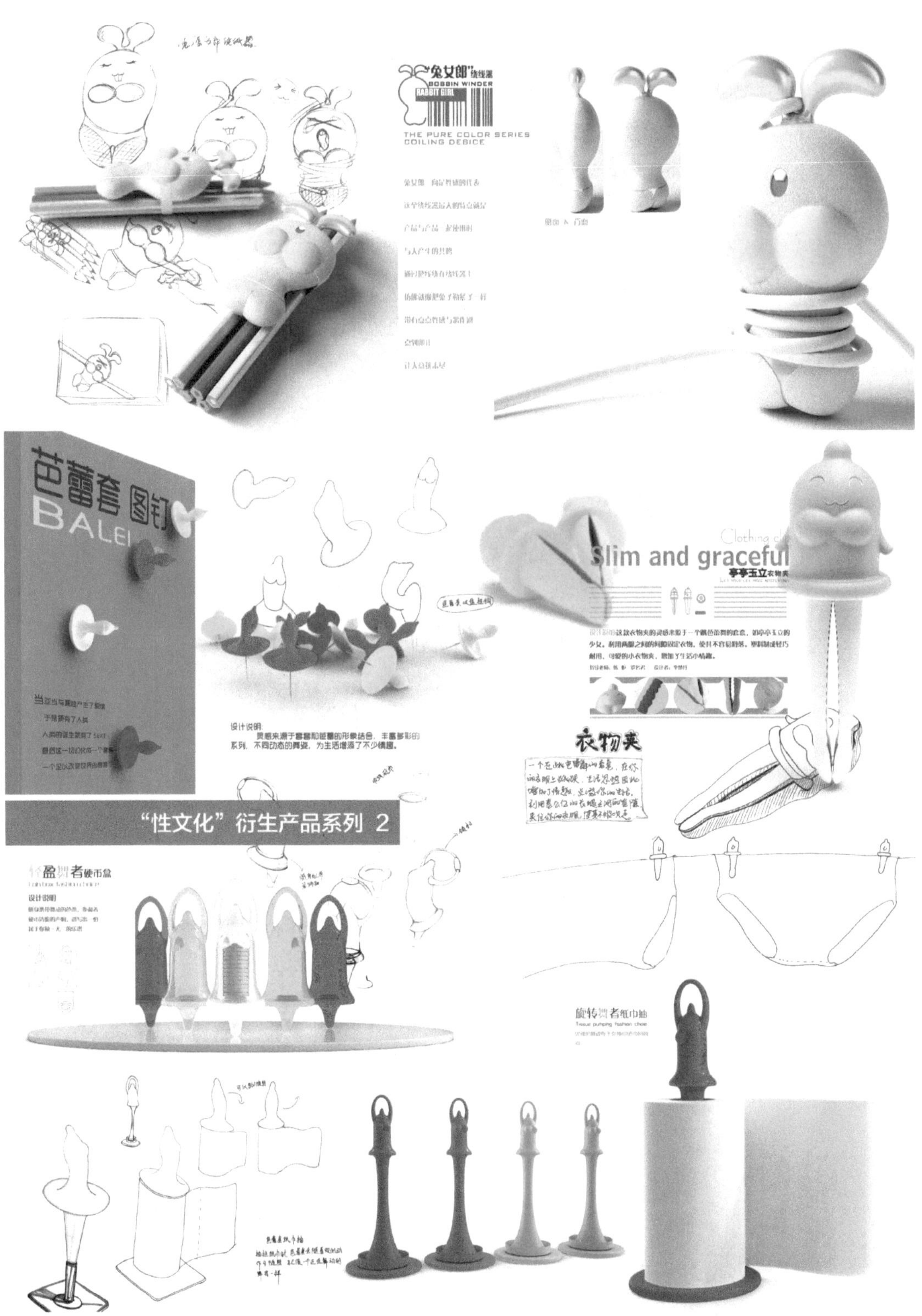

图 3-44 "性文化"衍生产品系列 2
广东轻工职业技术学院 设计：陈江涛 李楚丹 麦丽雯等 / 指导：陈炬、罗名君

3.2.6 突出主体语意的诉求

产品语意设计有多种方式，但值得注意的是不同产品其所关注的语意层面是不同的，每个产品都有其要表达的主体语意。这要求我们在具体的设计中要针对不同的设计对象，突出不同主体语意的传达。如工业设备应以功能性语意的传达为主，突出操作性与精确性；而家庭设备则要强化情感性界面、温馨宜人和情感寄托等。设计是不可能面面俱到的，而要有所侧重，有所突出。在具体的设计中我们还可针对某一语意需求进行强化和修饰设计。例如：《儿童智能监护产品》和《"十二合三"彩色笔》两幅作品都突出了儿童产品的操作简易性与温馨呵护的情感（图 3-45 ~图 3-47）；而《干旱地区雨水收集器》旨在表达干旱地区人们对雨水的渴求与希望（图 3-48）；《城市 LED 智能照明系统》与《城市蘑菇—压缩二氧化碳消防栓》两幅作品则强调了先进的科技感和完整的系统功能。（图 3-49、图 3-50）

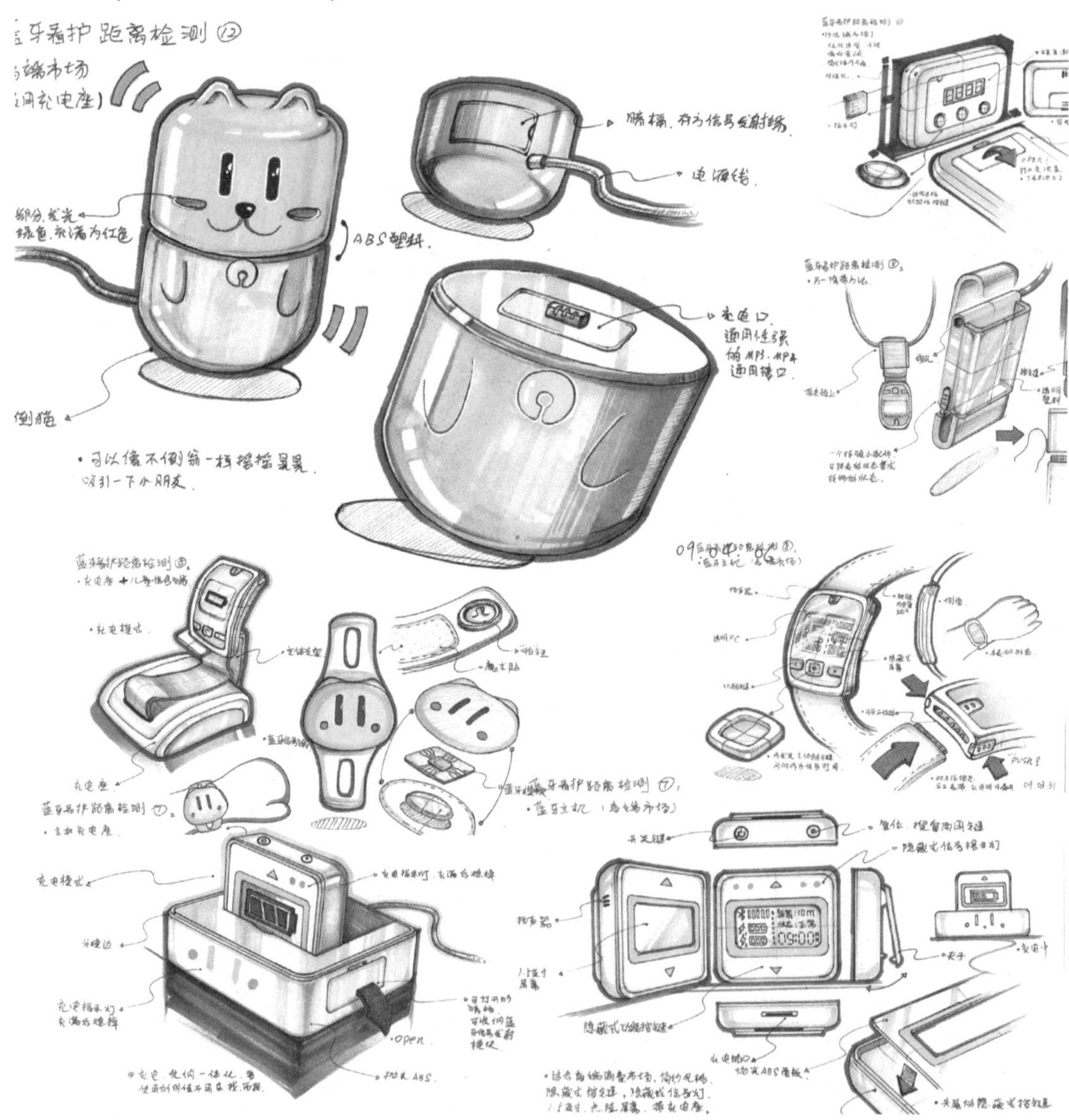

图 3-45 儿童智能监护产品 - 设计草图
广东轻工职业技术学院 设计：黄锡文／指导：陈炬、伏波

图 3-46 儿童智能监护产品 与汕头澄海智汇科技有限公司合作 该设计已投产
广东轻工职业技术学院 设计：黄锡文／指导：陈炬、伏波

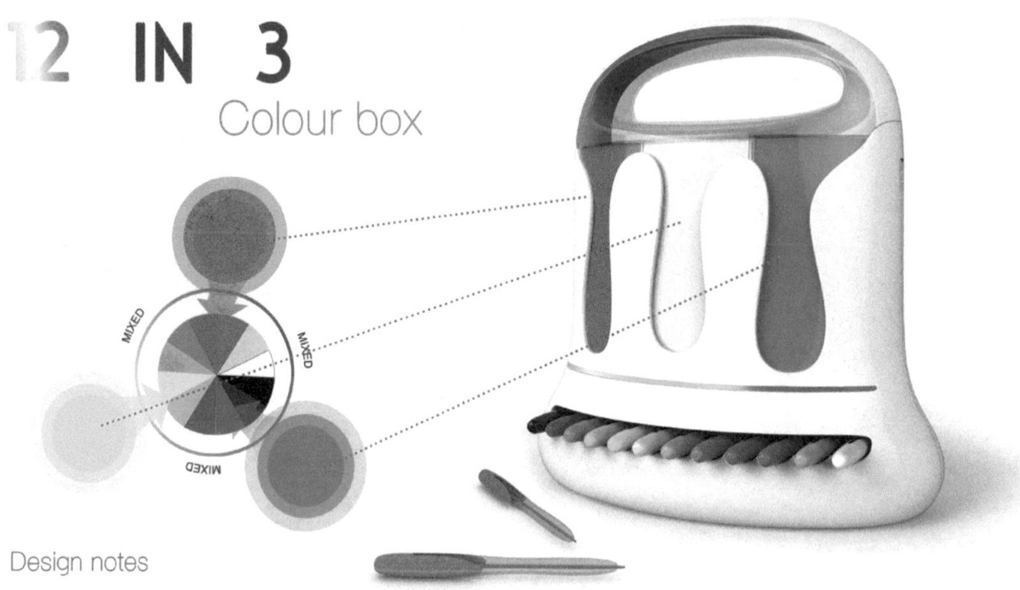

Design notes

This product is designed for the children in the rural areas who are suffering from severe financial difficulties. In terms of the lack of resources in the rural areas, it is stimulating and environmentally-friendly that this product which is set with three-primary colours could be mixed to be twelve different colors for more children to use simultaneousl.

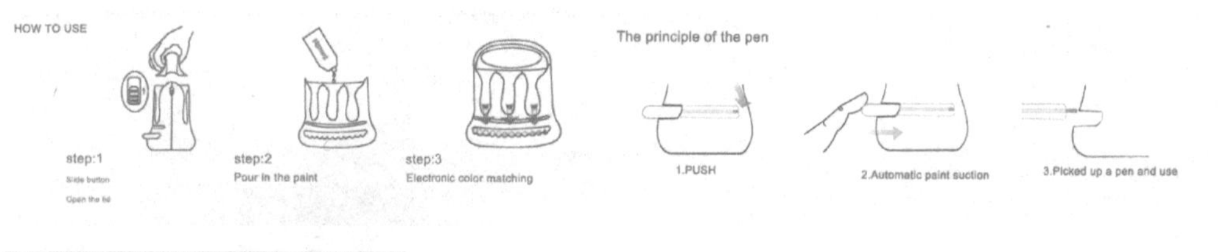

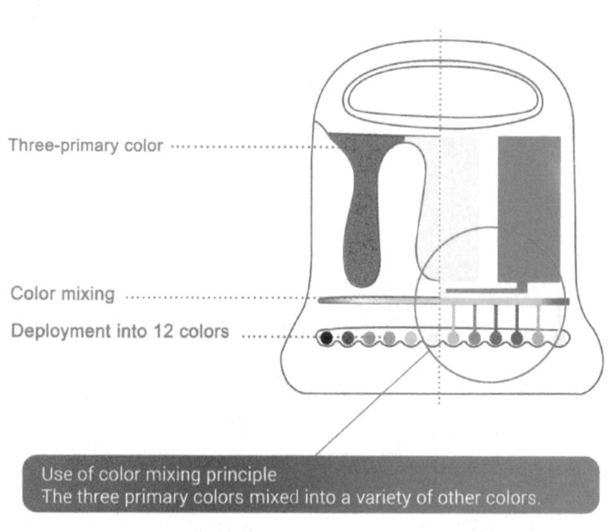

图 3-47 “十二合三”彩色笔
广东轻工职业技术学院 设计：何桦广 李健平／指导：陈炬、李楠、梁跃荣

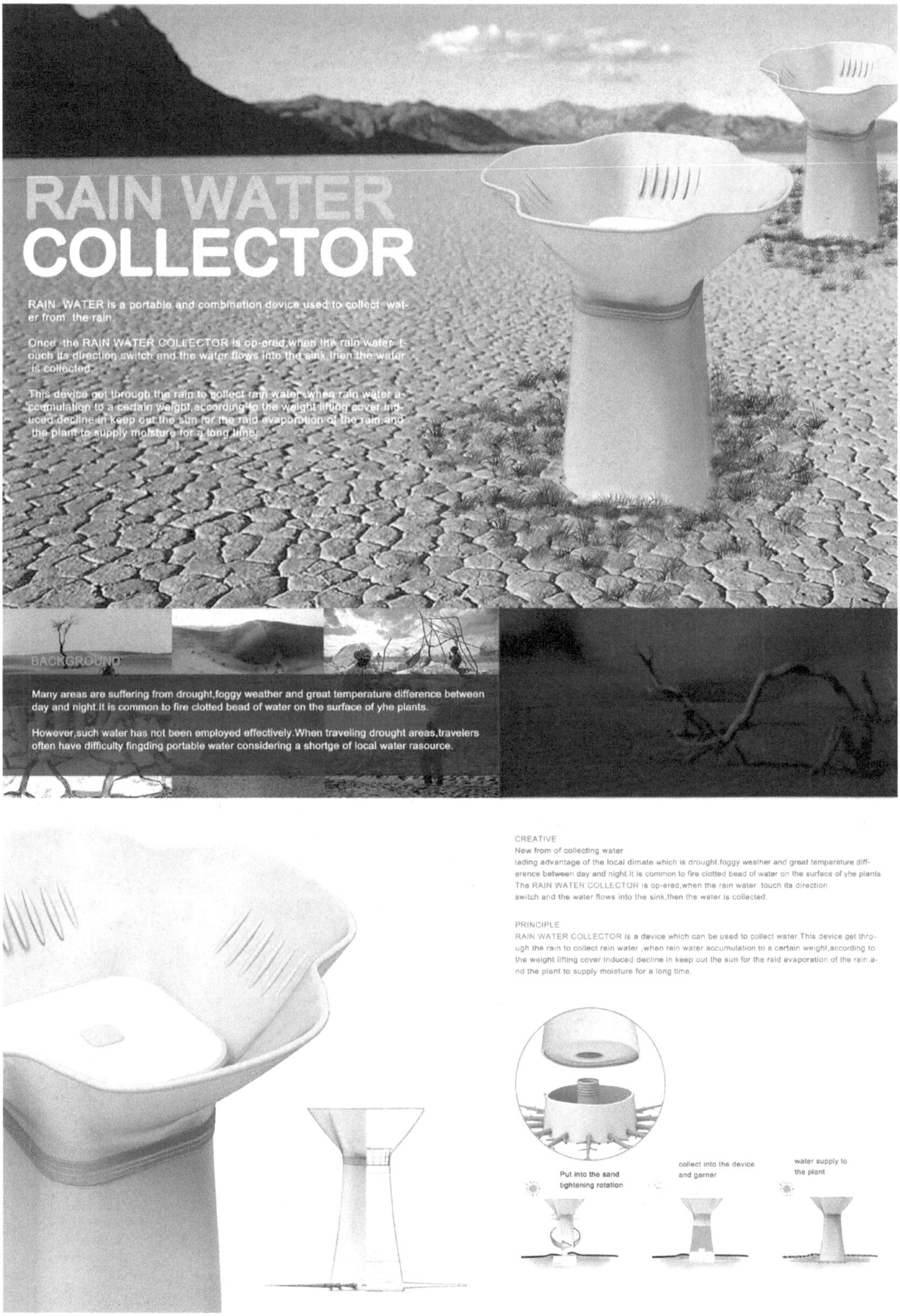

RAIN WATER COLLECTOR

RAIN WATER is a portable and combination device used to collect water from the rain.

Once the RAIN WATER COLLECTOR is op-ered,when the rain water touch its direction switch and the water flows into the sink,then the water is collected.

This device get through the rain to collect rain water,when rain water accumulation to a certain weight,according to the weight lifting cover induced decline in keep out the sun for the raid evaporation of the rain.and the plant to supply moisture for a long time.

BACKGROUND

Many areas are suffering from drought,foggy weather and great temperature difference between day and night.It is common to fire clotted bead of water on the surface of yhe plants.

However,such water has not been employed effectively.When traveling drought areas,travelers often have difficulty fingding portable water considering a shortge of local water rasource.

图 3-48 干旱地区雨水收集器

广东轻工职业技术学院 设计：颜晓玲／指导：陈炬、李楠、梁跃荣

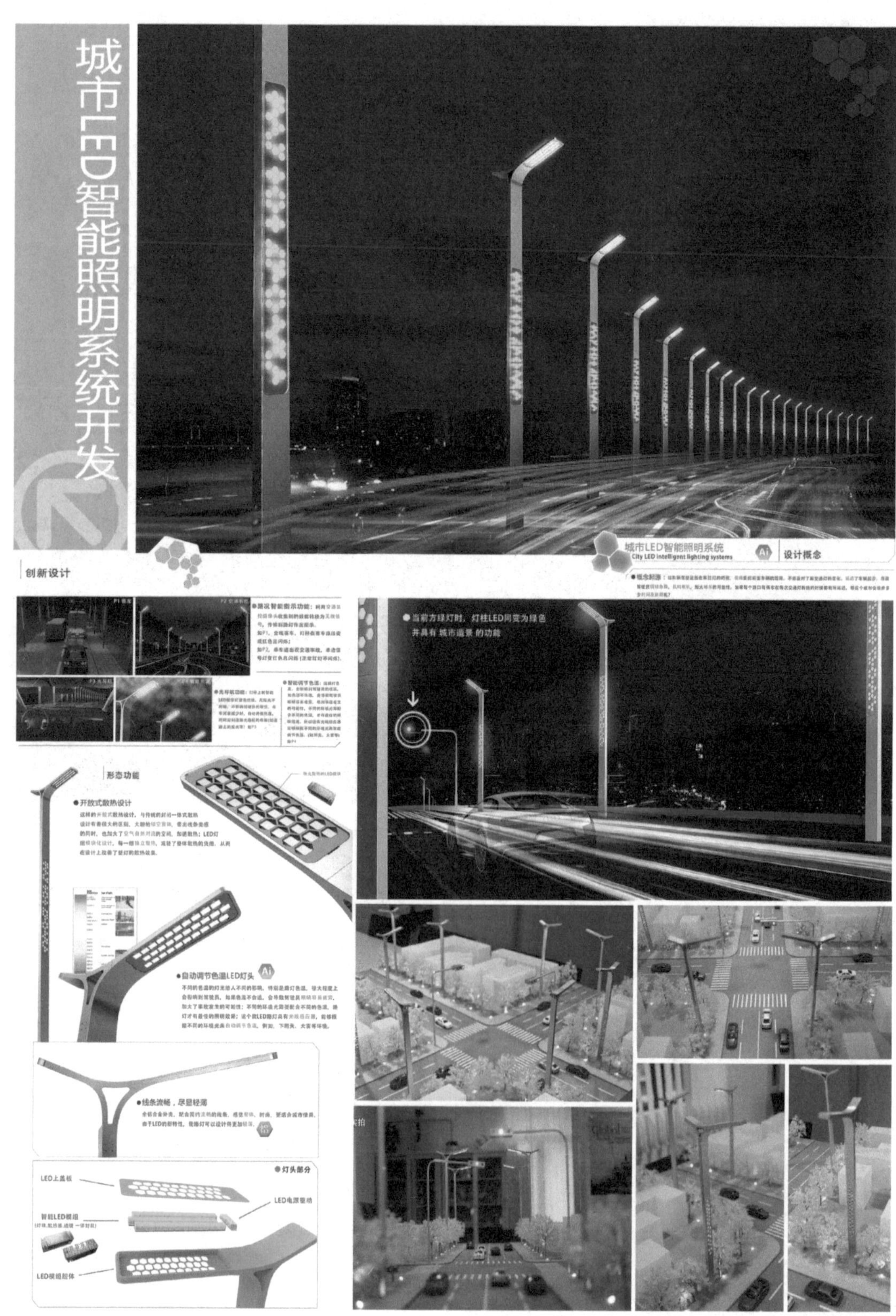

图 3-49 城市 LED 智能照明系统
广东轻工职业技术学院 设计：黄锡文／指导：陈炬

城市蘑菇

压缩二氧化碳消防栓

压缩二氧化碳消防栓，是通过吸收城市空气中的二氧化碳，把二氧化碳气体在高压低温下压缩成液态二氧化碳保存在地下存库。火灾发生时，提供液态二氧化碳进行灭火。还能把温室气体进行利用，降低城市的二氧化碳量。

Compressed carbon dioxide fire hydrant, which is by absorbing carbon dioxide from the air in cities, then the fire hydrant can compress carbon dioxide gas into liquid carbon dioxide and store in underground storage. Hence it can use liquid carbon dioxide to extinguishment when there is a fire, in addition it can reuse greenhouse gases and reduce carbon dioxide of the city.

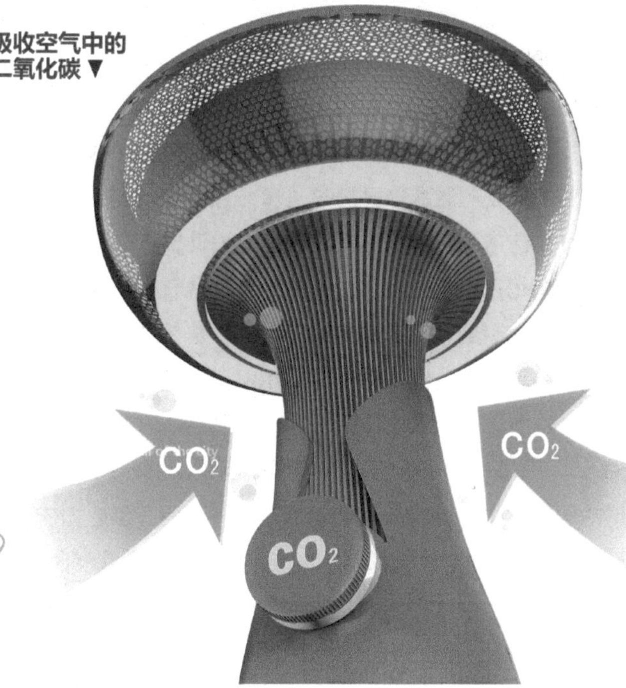

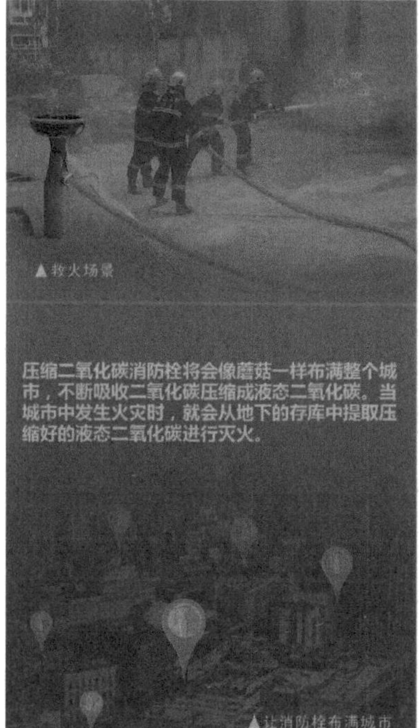

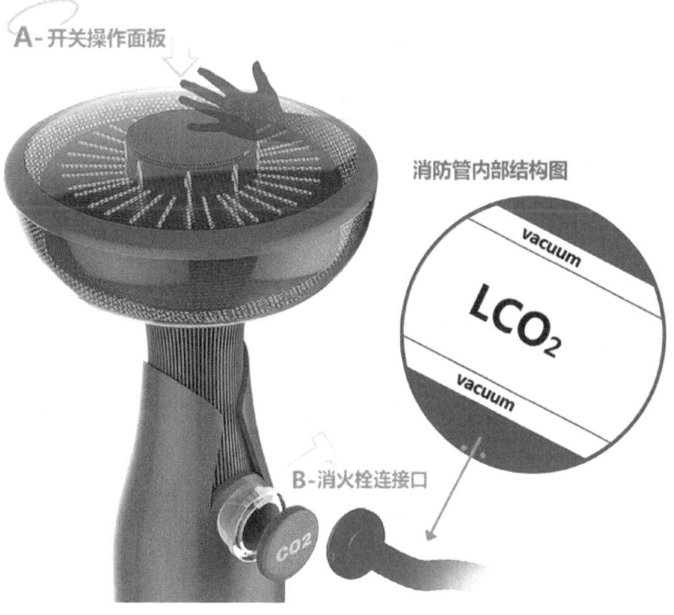

图 3-50 城市蘑菇—压缩二氧化碳消防栓
广东轻工职业技术学院 设计：谢伟浩／指导：陈炬、李楠、梁跃荣

3.2.7 与既有产品形成一定的语意延承

设计的直接目的是为当今人类的生活、工作服务，而其潜在的效益则是成为人类文化积淀的一部分，为后代人创造提供精神营养和借鉴。因此，设计具有传承性的特质。斯堪的纳维亚的设计就具有“有选择地、考究地利用材料”的传统特色，在要求发挥材料质地感的设计中，采取工业方法和手工艺方法相结合的途径，使木器、陶瓷满足多种不同的审美需要。

强调要与既有产品形成一定的语意延承，是从设计认知和接受的角度考虑的。同功能的产品在风格特征和表现方式上应彼此接近，这样才能保持产品造型的格调一致和完整。如果在一个产品上引入形式类型和风格不同的造型要素，使产品之间在造型上差别太大或与已有产品完全不同，就会使人产生认知的混乱和语意的误解，进而影响顾客的接受，如寻呼机形式的电子表、手枪式的打火机、汽车形式的电话机等。而产品语意的设计要具有可理解性，避免让人产生认知上的障碍，那么造型因素的变化就不能过大，并要与既有产品形成一定的语意延承。如有些功能全新的 产品刚刚被创造出来，还找不到表现自己的恰当形式，往往会借用和自己功能类似的已有产品的形式。例如，作为全球顶级跑车的兰博基尼一贯秉承将极致速度与时尚风格融为一体的品牌理念，它的每一个棱角、每一道线条都在默默诠释兰博基尼近乎原始的美，根据此理念设计的蓝牙音箱必须延承这一语意（图3-51、图3-52）。而作为全球顶级音频、视频品牌的 Bang & Olufsen 则执着于采用经过精挑细选的配件和材料，以及刻意加工处理的几何造型，力求达到科技与设计的和谐与平衡，根据此理念设计的衍生电子产品也必须延承这一语意。（图3-53 ~图3-57）

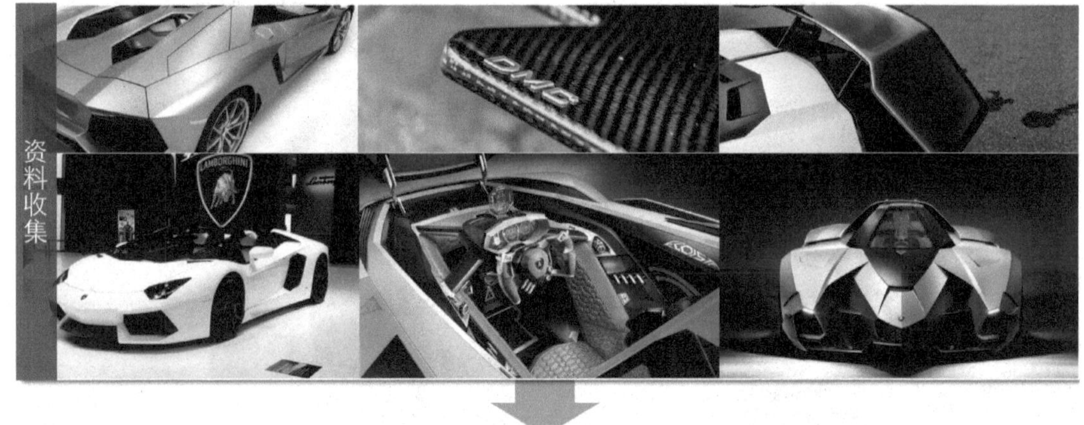

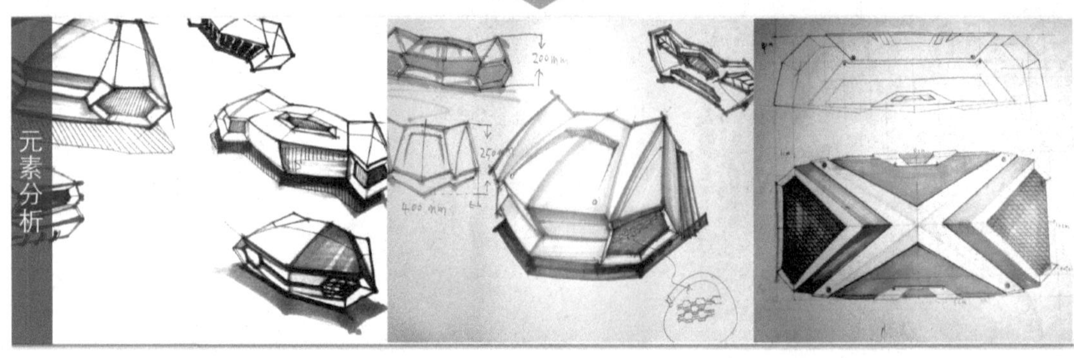

图3-51 “兰博基尼”品牌造型分析图
广东轻工职业技术学院 设计：陈设威／指导：陈炬、伏波

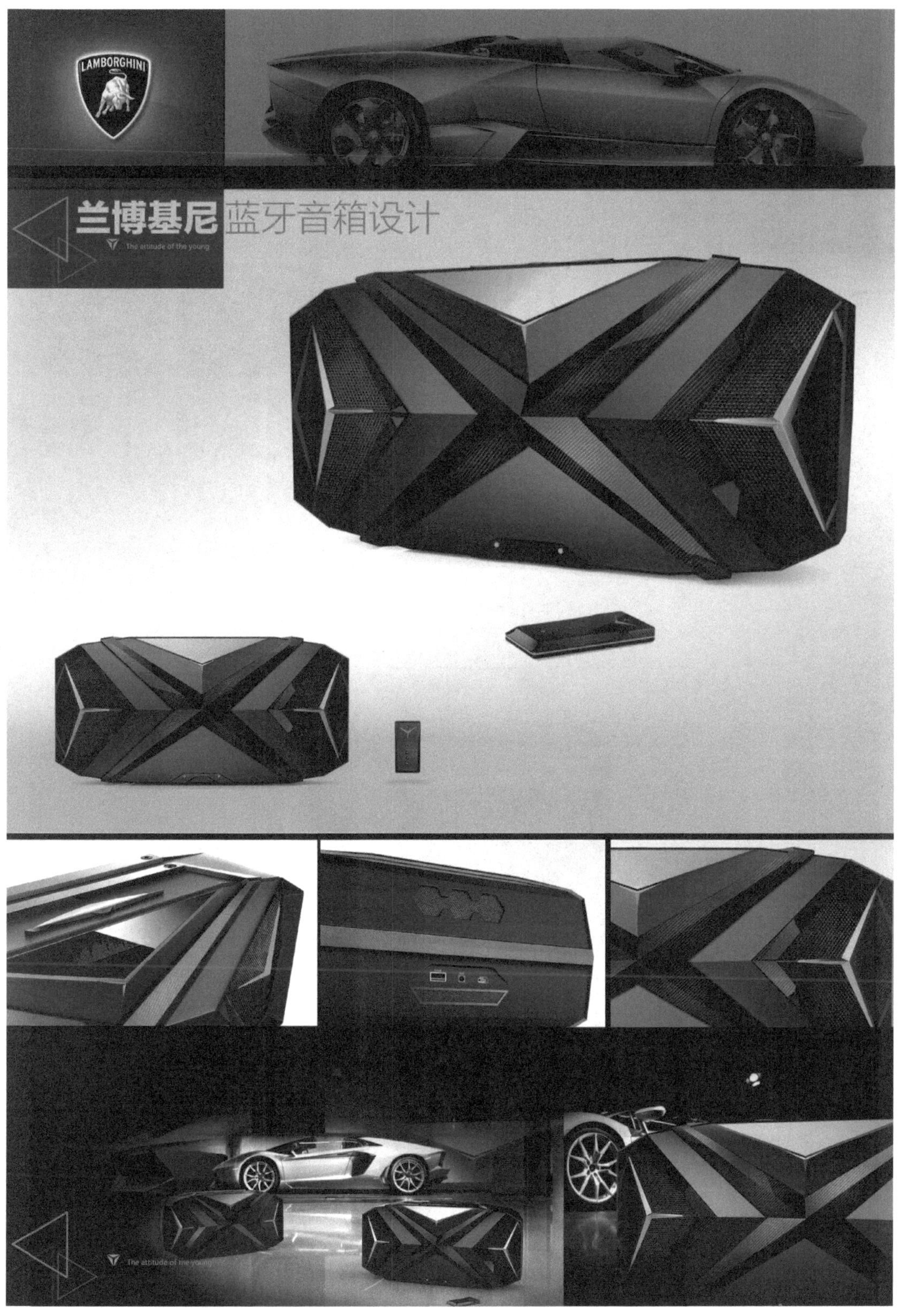

图 3-52 “兰博基尼”品牌音箱设计
广东轻工职业技术学院 设计：陈设威 / 指导：陈炬、伏波

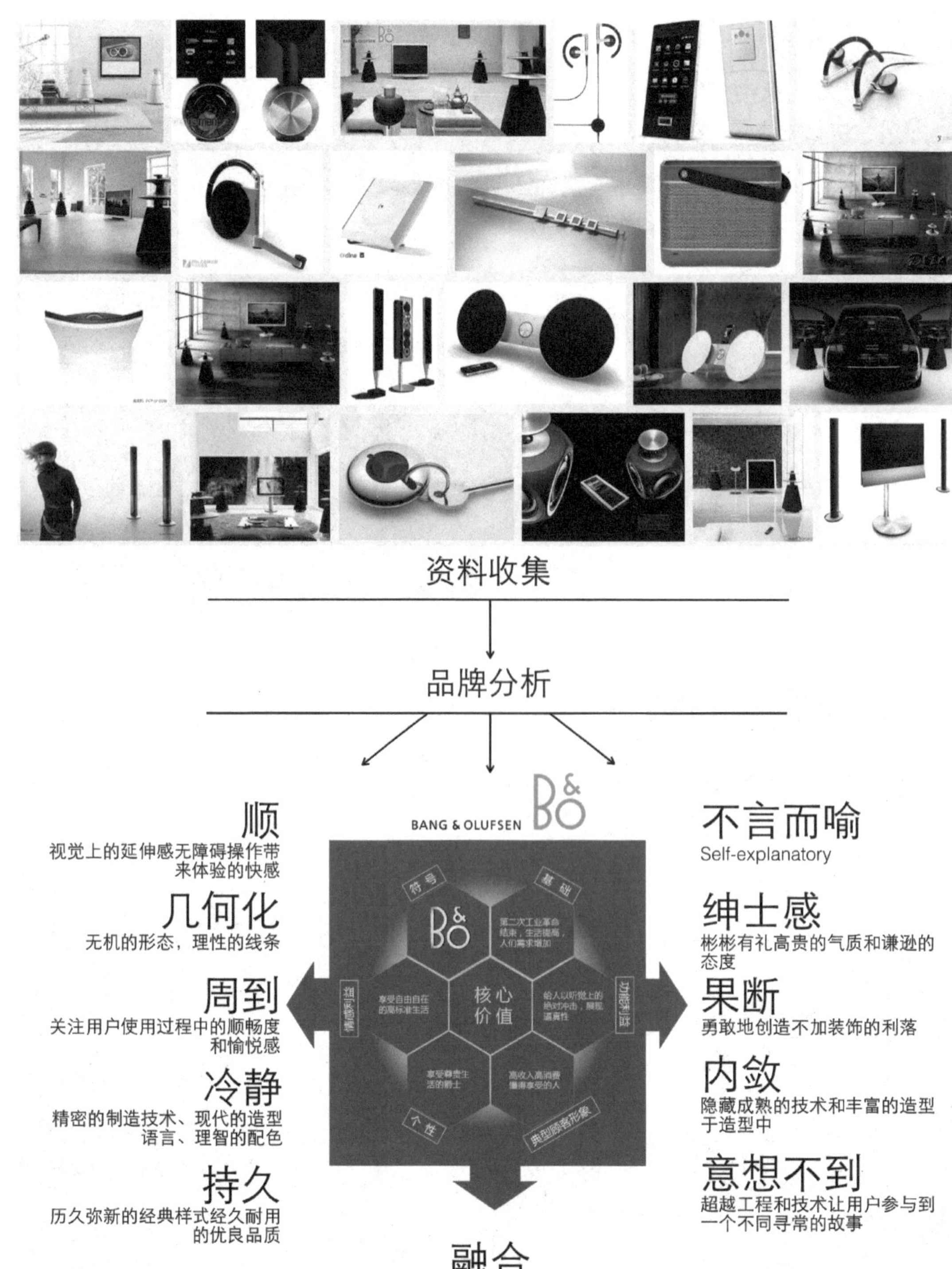

图 3-53 “Bang & Olufsen” 品牌造型语言分析图 1
广东轻工职业技术学院 设计：陈茂栋、郑樾等 / 指导：陈炬、伏波

矩形

1. 基于矩形原型进行扩展。
2. 扩展过程中所有造型要秉持矩形的理性气质，现有产品常通过大半径曲线、小半径圆角、斜切、修剪等方式丰富矩形语义。
3. 矩形可与其他基本原型进行组合式使用。
4. 产品造型边线明确，分割清晰。无需过多的设计。

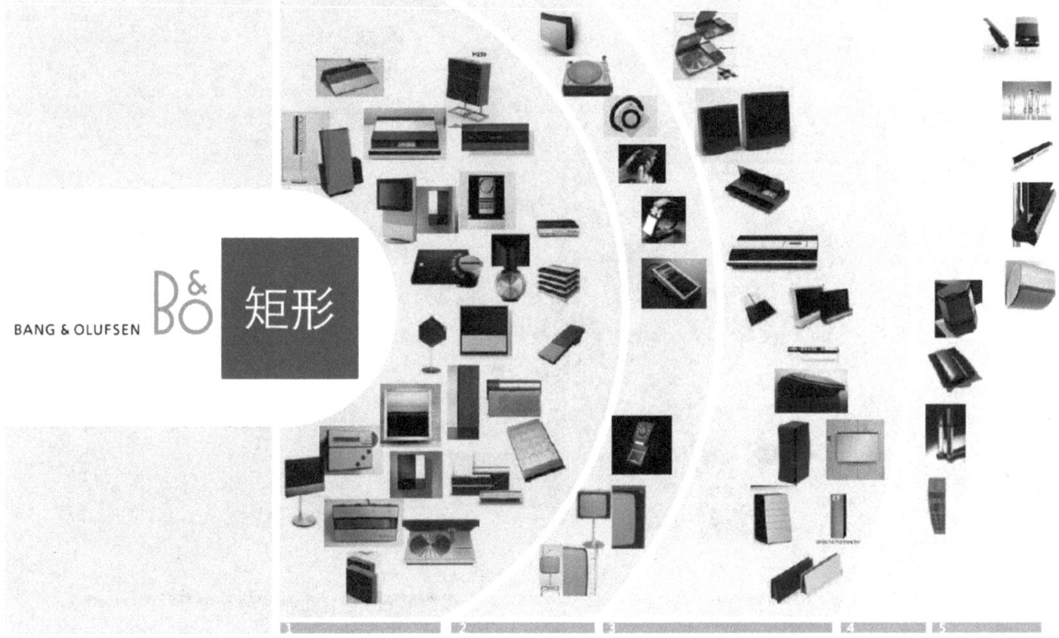

三角形

1. 基于三角原形进行扩展，呈现独立，稳固的视觉语义。
2. 边线明确的三角形形态多与其他几何元素共同使用，避免过分的进攻感，以融合于家庭环境。
3. 金字塔式造型、棱锥造型、圆锥造型为常见的三角原型扩展形态。

图 3-54 “Bang & Olufsen”品牌造型语言分析图 2
广东轻工职业技术学院 设计：陈茂栋、郑樾等 / 指导：陈炬、伏波

圆形

1. 在运用圆形元素进行设计时，对圆形的扩展程度不易过大，保持较高的基本几何形态的识别度。
2. 正圆的使用频率高。
3. 圆多与矩形等基本造型元素进行嵌套，组合式使用，常构成圆方嵌套的造型组合。
4. 按钮中圆形按钮多作为操作以及视觉的中心区域。

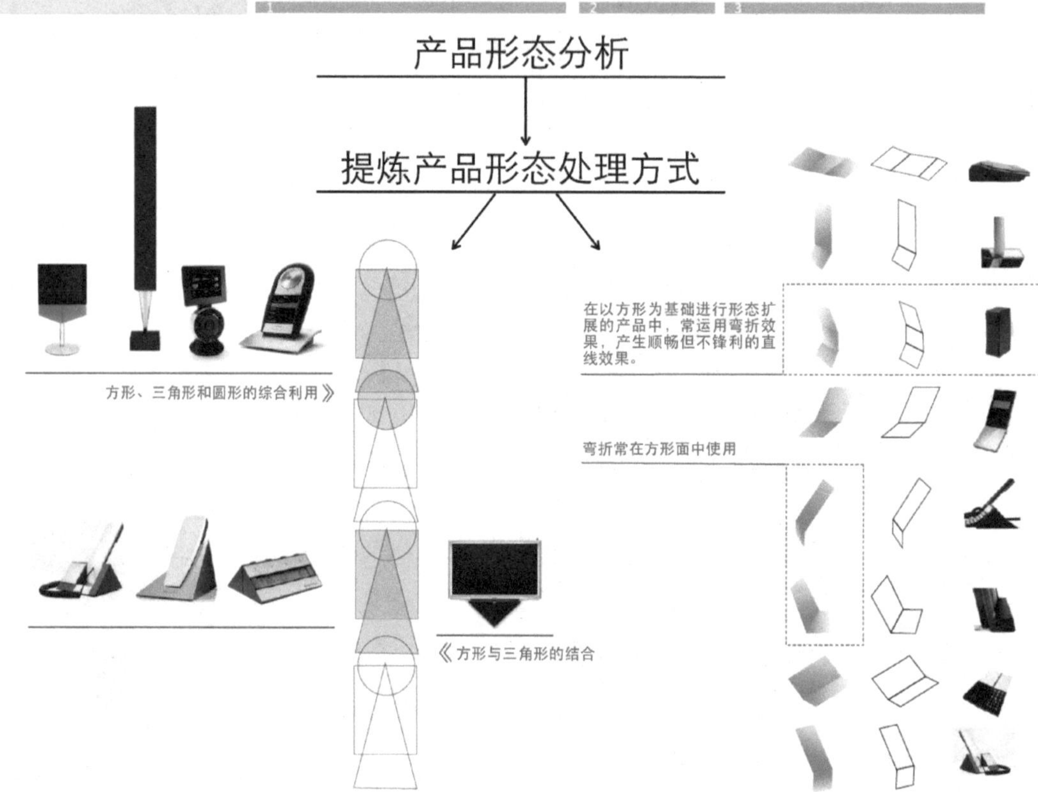

图 3-55 “Bang & Olufsen”品牌造型语言分析图 3
广东轻工职业技术学院 设计：陈茂栋、郑樾等／指导：陈炬、伏波

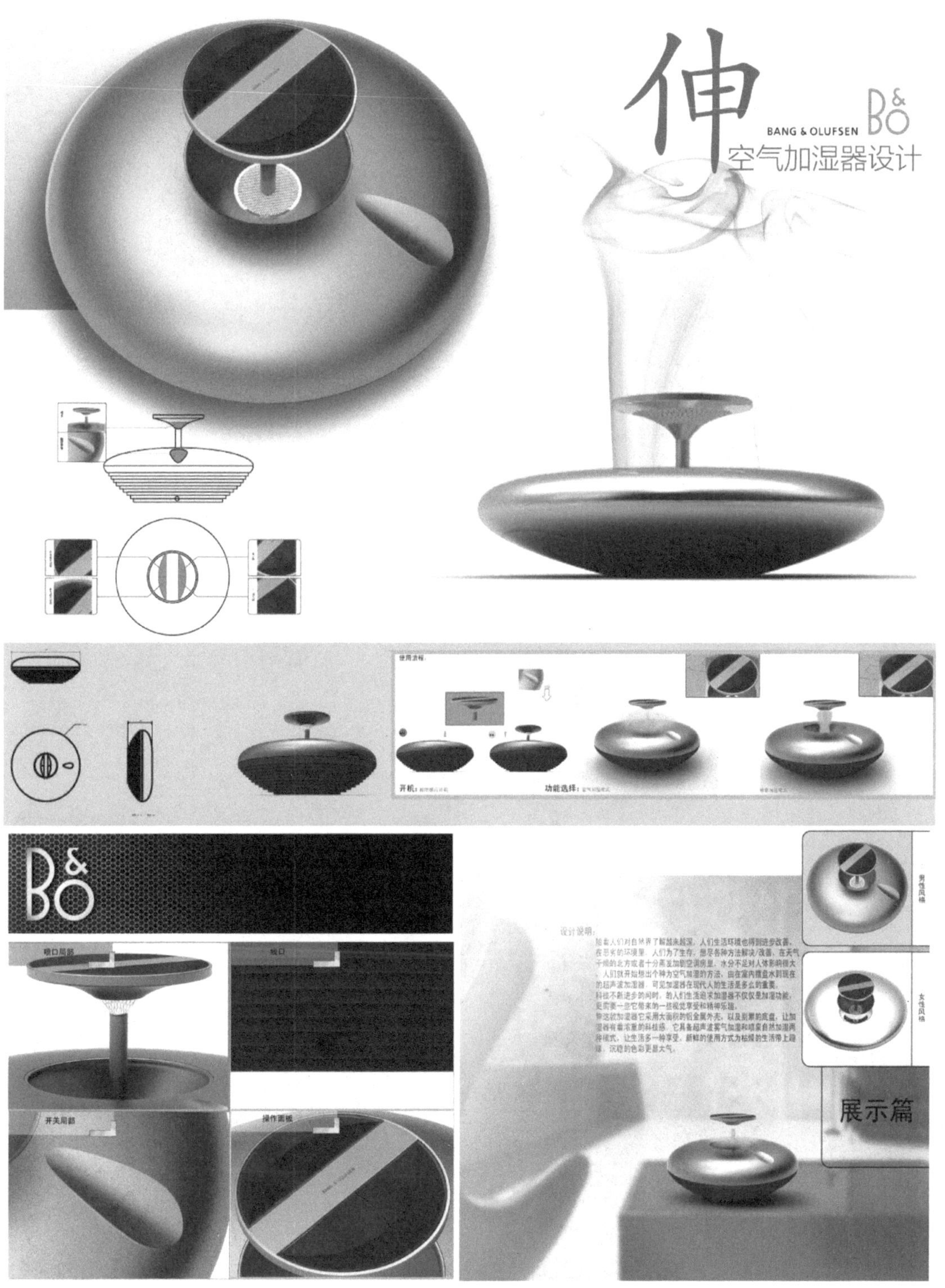

图 3-56 “Bang & Olufsen”品牌加湿器设计
广东轻工职业技术学院 设计：陈茂栋、郑樾等／指导：陈炬、伏波

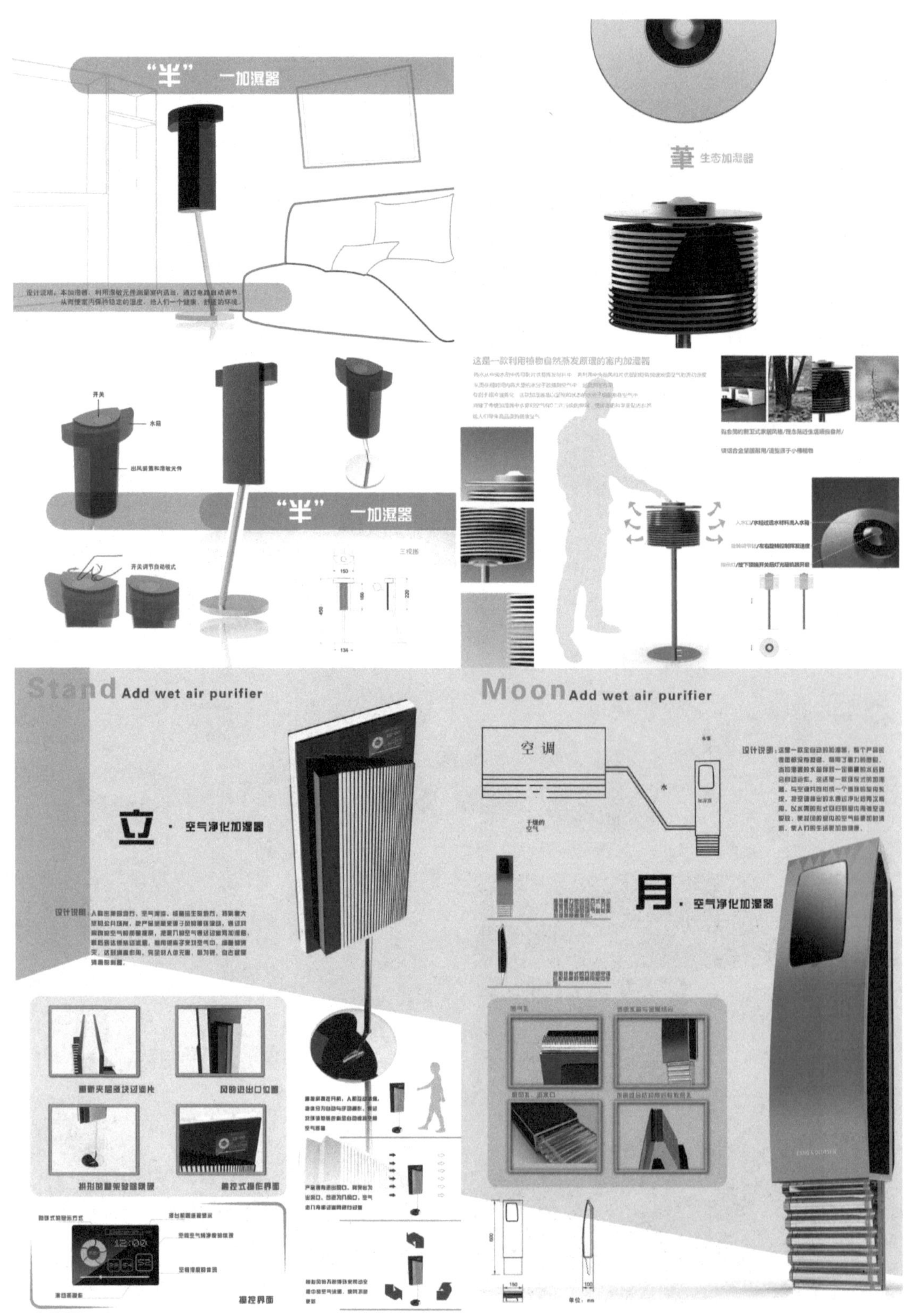

图 3-57 “Bang & Olufsen”品牌衍生家电设计
广东轻工职业技术学院 设计：陈茂栋、郑樾等／指导：陈炬、伏波

■ 课堂作业

讨论：

有哪些常见的产品体现了哪一种语意原则?

■ 思考题

1. 形态如何才能符合产品的功能和目的?

2. 形式美的法则是什么?

3. 产品语意设计程序是什么?

4. 产品语意设计程序的每一个阶段有何不同要求，如何执行?

■ 实训项目

项目一：灯具的产品语意设计。

实训目的：

1. 掌握产品语意的一般设计程序；

2. 掌握产品形态与语意的关系。

实训器材：纸张、数码相机、电脑及常用的软件等。

实训指导：

1. 选择一类型灯具，按照产品语意的一般设计程序来设计你所选择的这种产品；

2. 个人独立完成作业，教师现场给予指导。

实训成果：课程结束后，学生提交一份灯具设计方案（电子文档）。

项目二：家具的产品语意设计。

实训目的：

1. 掌握产品语意的构思手法；

2. 掌握产品形态与语意的关系。

实训器材：纸张、数码相机、电脑及常用的软件等

实训指导：

1. 选择一类型家具产品，选择一种构思手法来设计你所选择的这种产品；

2. 个人独立完成作业，教师现场给予指导。

实训成果：课程结束后，学生提交一份家具设计方案（电子文档）。

■ 课外练习

通过互联网收集具有不同语意的产品，并分析其所含语意的特征。

参考文献

[01] 张凌浩，刘钢 . 产品形象的视觉设计 [M]. 南京：东南大学出版社，2005.
[02] Kevin N., Otto Kristin L. Wood. 产品设计 [M]. 北京：电子工业出版社，2005.
[03] 张帆 . 产品开发与营销 [M]. 上海：上海人民美术出版社，2004.
[04] Jonathan Cagan Craig M. Vogel. 创造突破性产品 [M]. 北京：机械工业出版社，2004.
[05] 王受之 . 世界现代设计史 [M]. 深圳：新世纪出版社，1995.
[06] 李彬 . 符号透视：传播内容的本体诠释 [M]. 上海：复旦大学出版社，2003.
[07] 陈慎任，马海波 . 产品形态语义设计实例 [M]. 北京：机械工业出版社，2002.
[08] [德] 布尔德克著 . 胡飞译 . 产品设计：历史 . 理论与实务 [M]. 北京：中国建筑工业出版社，2007.
[09] 陈汗青 . 产品设计 [M]. 北京：清华大学出版社，2006.
[10] 杨嗣信 . 语意的传达——产品设计符号理论与方法 [M]. 北京：中国建筑工业出版社 , 2005.
[11] [美] 诺曼 . 情感化设计 [M]. 付秋芳，程进三译 . 北京：电子工业出版社，2005.
[12] 胡飞，杨瑞 . 设计符号与产品语意 [M]. 北京：中国建筑工业出版社，2005.
[13] 李根京 . 在现代产品设计中感知符号 [J]. 艺术与设计，2005 (11).
[14] 周小舟 . 品牌导向下的产品设计 [J]. 艺术与设计，2006 (4).

学习网站

[01] 中国工业设计协会 http://www.chinadesign.cn/
[02] 中国艺术设计联盟 http://zj.arting365.com/
[03] 设计在线 http://www.dolcn.com
[04] 工业设计前沿网 http: // www.foreidea.com
[05] Billwang 工业设计 http://www.billwang.nevdefault.html
[06] ID 公社 http://www.hi-id.com/
[07] 专利之家 http://www.patent-cn.com/
[08] 红点设计 http://en.red-dot.org/
[09] 设计 · 中国 http://www.3d3d.cn/news/
[10] ENGADGET 瘾科技 http://cn.engadget.com/
[11] 凯瑞姆 · 瑞席 http://www.karimrashid.com/
[12] 马克 · 纽森 http://www.marc-newson.com/
[13] 青蛙设计公司 http://Www.frogdesign.com/
[14] 美国 IDEO 设计与产品开发公司 http://www.ideo.com/
[15] 美国艾柯设计顾问公司 http://www.eccoid.com/
[16] 飞利浦设计中心 http://www.design.philips.com/
[17] 世界各地工业设计师展示自己作品的网站 http://www.coroflot.com/
[18] ±0 官网 http://www.pmz—store.jp
[19] 意大利阿莱西设计公司 http://www.alessi.it/
[20] 全球设计资讯网 http://www.infodesign.com.tw
[21] 北欧最大的家具制造商 http://www.frttzhansen.com/